KB204503

수학전대 매스레인저 4
시바 신의 부활

초판 인쇄 2011년 11월 30일
초판 발행 2011년 12월 10일

지은이 최승현 홍소진 방지연 전진석
발행인 정은영
책임편집 김은미
일러스트 진아라
디자인 씨오디
펴낸곳 마리북스
출판등록 2007년 4월 4일 제 313-2010-32호

주 소 서울시 마포구 서교동 407-26 우신빌딩 6층
전 화 02) 324-0529 · 0530
팩 스 02) 324-0531
홈페이지 www.maribooks.com
출 력 스크린출력센터
찍은곳 서정문화인쇄사

ISBN 978-89-94011-24-0 64410
978-89-959965-8-4 (세트)

수학전대 매스레인저 4

시바 신의 부활

최승현(한국교육과정평가원) 지음
방지연 각색 · 진아라 그림

마리북스

작가의 말

주제별 · 수준별 맞춤식 수학 공부

'수학은 연계 학습이다.'

이게 무슨 말이냐고요? 여러분이 초등학교 때 사칙 연산을 배웠다고 해봐요. 그러면 중학교 때는 이 사칙 연산이 좀 더 어려워질 뿐이고, 고등학교 때는 중학교 때보다 더 복잡해질 뿐이라는 것이죠. 이 비밀만 안다면 수학을 아주 쉽고 재미있게 공부할 수 있습니다.

그래서 수학은 주제별로 흐름을 짚어 가며 공부하는 것이 중요해요. 초등학교 수학 교과 과정에서 수학의 주제별 학습을 강조하는 것도 바로 이런 이유 때문이지요.

이 책은 수와 연산, 도형, 측정, 규칙성과 문제 해결, 확률과 통계 다섯 가지 영역으로 구성되었어요. 매스레인저 친구들이 여러분 각자의 수학 실력과 흥미에 맞춰 수학을 정복하는 방법을 알려 줄 거예요.

만약 새로운 내용을 공부할 때 어렵다고 느껴지면 그 부분을 반복해서 보면서 바로바로 해결해야 합니다. 그렇지 않으면 어려움이 차곡차곡 쌓여, 어느새 수학을 어려운 과목으로 생각하게 될 테니까요.

자, 그럼 매스레인저 친구들이 펼치는 신 나고 재미있는 수학의 세계로 함께 떠나 봐요!

한국교육과정평가원 최승현

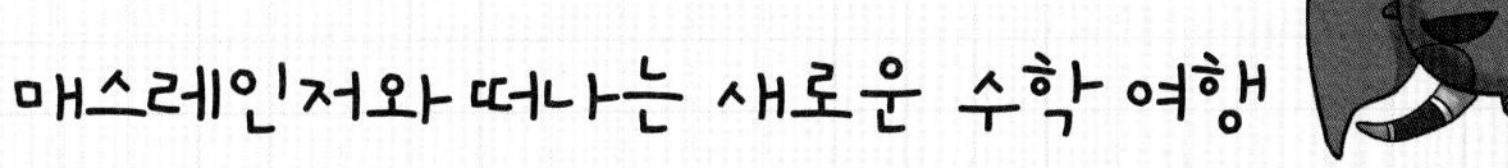

여러분은 매스레인저 1, 2권에서 대성이와 함께 수와 연산의 세계를 공부했을 거예요.

수학을 만나 보니 어땠나요? 처음에는 어렵게 느껴지던 수학이 조금씩 친근하게 다가오지 않았나요? 문제를 풀고 나서 성취감을 충분히 느꼈나요? 만약 그러했다면 여러분은 매스레인저가 될 소질이 충분합니다.

3권과 4권에서는 대성이가 지금까지와는 전혀 다른 새로운 모험을 하게 됩니다. 그 뿐만이 아니라 도형이라는 새로운 학습 단계를 접하게 되지요.

제가 초등학교 때 사칙 연산을 하다가 도형을 배우려니까 무척 낯설었어요. 삼각형, 사각형, 원 등은 주위에서 흔히 볼 수 있는 것이라 어렵지 않을 거라고 생각했는데, 막상 접해 보니 헷갈리고 쉽지 않았습니다.

이러한 저의 어린 시절의 경험을 되살려 여러분이 《수학전대 매스레인저》를 통해 도형 공부를 쉽고 재미있게 할 수 있도록 했습니다. 도형에 대해 전혀 모르는 대성이와 함께 여러분도 쉽고 재미있게 공부할 수 있을 거예요.

매스레인저들은 악신들로부터 강 박사님과 친구들을 지키기 위해 오늘도 열심히 달립니다. 도형 공부를 열심히 하면 여러분의 매스에너지가 대성이와 다른 친구들에게 큰 힘이 되어 줄 거예요.

자, 이제부터 매스레인저를 따라 특별한 모험의 시간으로 떠나 볼까요?

이야기 작가 **방지연**

차 례

도형 완전 정복

1단계(2~6학년)
- 점, 선, 면
- 여러 가지 각

2단계(3~6학년)
- 수직
- 수선
- 평행

3단계(3~6학년)
- 원

4단계(3~6학년)
- 삼각형
- 이등변 삼각형
- 정삼각형

5단계(4~6학년)
- 사다리꼴
- 평행 사변형
- 마름모
- 직사각형
- 정사각형

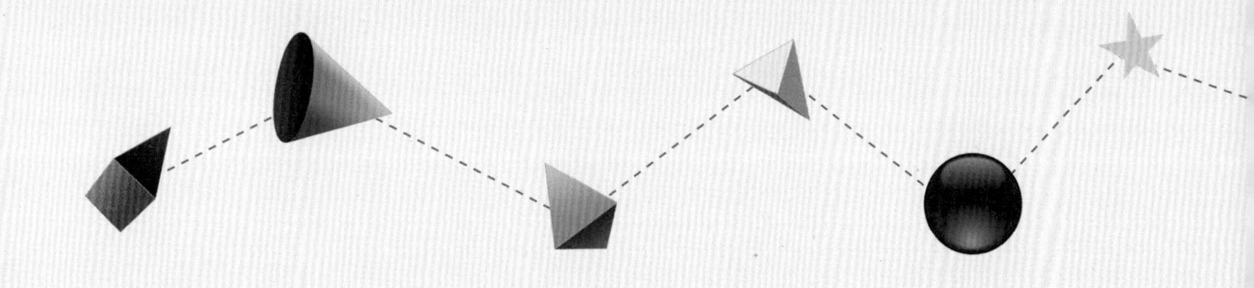

6단계(5~6학년)
- 대칭
- 합동
- 닮음

7단계(5~6학년)
- 도형의 이동
- 테셀레이션
- 프랙털

8단계(5~6학년)
- 구
- 뿔
- 기둥

9단계(6학년)
- 다면체와 소마큐브

10단계(1~6학년)
- 도형 종합

신현도 매스블루(3학년, 10살)

대한초등학교 전교 일등의 수재. 자존심이 강하고 공부를 못하는 아이들을 한심하게 생각해 대성이와 늘 티격태격한다. 하지만 매스레인저 친구들에게 누구보다 깊은 애정을 갖고 있다.

알리미

비슈누 신이 타고 다녔다는 신비로운 강아지. 강 박사의 조수 역할을 하면서 매스레인저의 통신을 담당한다.

이미라 매스핑크(4학년, 11살)

매스레인저 중 맏이. 매스레인저를 만든 강 박사에게 가장 먼저 발탁되어 훈련을 받았다. 자신이 맏이라는 것을 내세우기보다 뒤에서 조용히 다른 대원들을 도와주고 격려해 준다.

조윤이 매스바이올렛(3학년, 10살)

수학 초능력자. 신들의 우두머리 시바의 맞수 비슈누(창조의 신)의 화신인 천재 수학 소녀이다. 평범한 인간으로 살고 싶어 하지만 대성이의 용기에 감동받아 매스레인저가 된다.

박수영 매스옐로 (2학년, 9살)

매스레인저 중 막내. 예의가 바라서 다른 선배들을 깍듯이 대하는데, 특히 대성이를 잘 따르고 좋아한다. 내성적이고 숫기도 없지만, 한 번 발동이 걸리면 아무도 못 말린다.

최대성 매스레드(3학년, 10살)

매스레인저의 리더. 공부에는 별 관심이 없으나 독보적인 게임 실력을 갖추고 있다. 곱셈과 나눗셈도 모를 만큼 수학 실력이 형편없지만, 결정적인 순간에 놀라운 집중력으로 수학 실력을 발휘해 팀을 위기에서 구한다. 매스레인저의 최종 병기인 아라크를 조정한다.

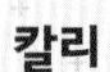

칼리
파괴의 신인 시바의 부인. 상냥한 말투에
눈부신 미모를 지녔으며 카리스마 또한 넘친다.

하누만
원숭이 머리를 한 시바의
부하로, 우직한 가네샤와
달리 영리하면서도 음흉해서
칼리의 신임을 얻는다.

가네샤
코끼리 머리를 지닌 시바의
부하로, 항상 하누만을
견제한다.

아라크
매스레인저의 최종 병기. 강 박사가
만든 인간형 로봇으로, 매스레인저의
무기와도 호환이 된다.

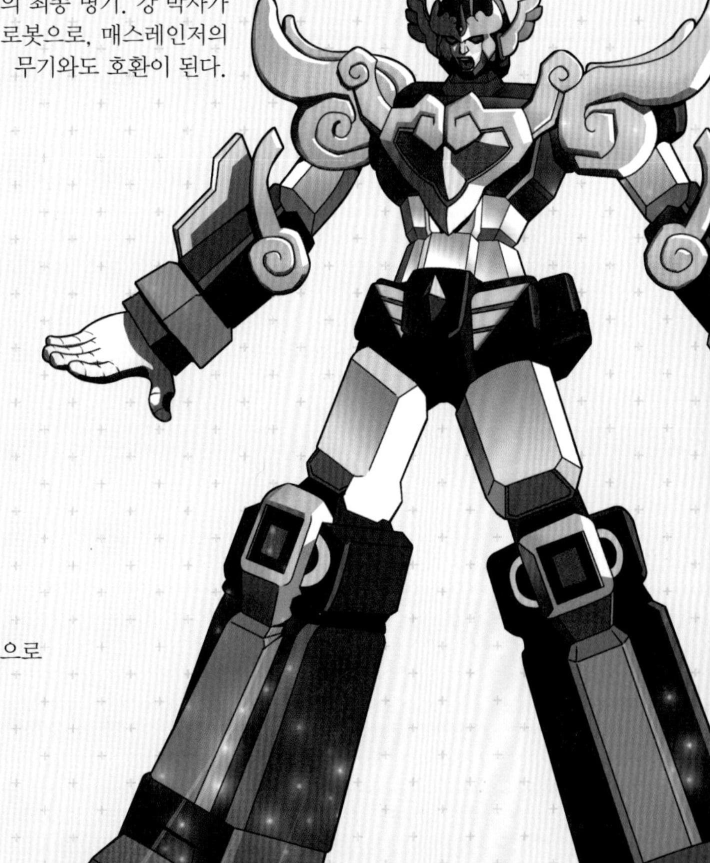

강 박사(40대 초반)
매스레인저를 만든 사람이자 지시를 내리는 인물.
파괴의 신이 이 세상을 지배하기 위해 이용하려는
수학의 힘을 일찍이 깨닫고, 봉인된 인드라의 유적으로
매스레인저와 그들의 무기, 아라크를 개발했다.

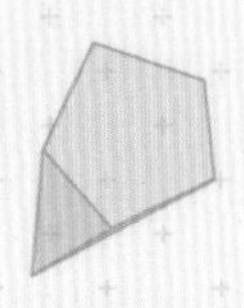

안슈미
심훈 박사의 조수. 비슈누 신의
측근으로, 어려울 때마다
매스레인저들을 도와준다.

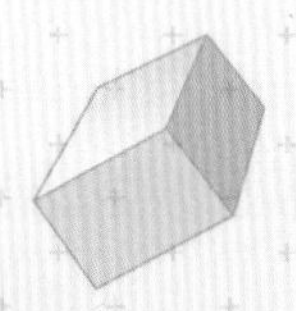

한스 스미스 박사
강 박사를 도와 매스레인저를 만들었다.
미국에서 수학을 연구하던 중에
악신들에게 잡혀왔다.

심훈 박사
강 박사의 스승. 인도의 낡은 임시
기지에 있다. 성격은 깐깐하지만,
뛰어난 수학 능력을 갖고 있다.

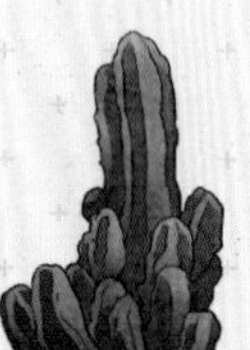

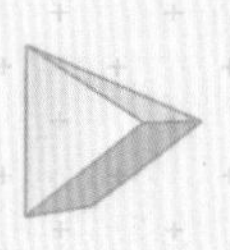

마르트 신

인드라 신의 호위 무관. 마르트 신전의
주인이다. 대성이를 시험하고,
신의 무기인 바주라를 건네준다.

시바 신

바리문 악신의 우두머리로 긴 잠에서 깨어
부활한다. 인간들에게서 수학 에너지를 빼앗아
노예로 삼고, 세상을 지배하려고 한다.

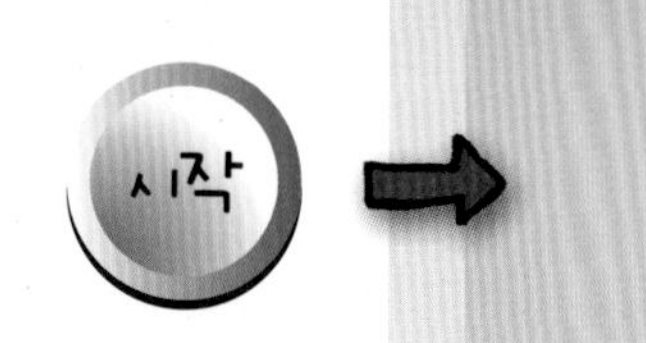

6

마르트 신의 시험

완전 정복 6단계 대각선과 도형의 닮음(5~6학년)

프랙털은
무슨 뜻일까?

닮은 도형이란?

대각선이란?

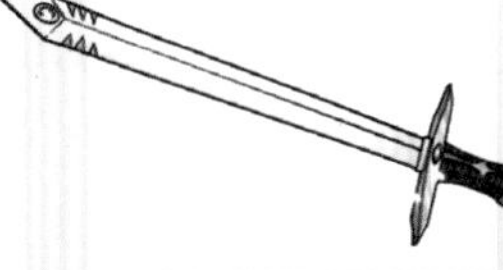

합동이란?

삼각형의 합동은?

'윤이를 살릴 수만 있다면…….'

파리한 얼굴을 하고 누워 있을 윤이를 생각하니 가슴이 아팠다. 대성이는 윤이의 웃는 얼굴을 떠올렸다. 윤이와 함께 떡볶이를 먹고, 그네를 탔던 일들이 주마등처럼 스쳐갔다.

'이대로 죽고 싶지 않아. 하지만 윤이를 살리기 위해 현도가 죽기를 바라지 않아.'

대성이는 빈틈없고 깐깐한 성격의 현도를 가끔 재수 없다고 생각했지만 그 친구가 싫지 않았다. 툴툴거리는 것 같아도 늘 수학을 꼼꼼하게 가르쳐 주었다. 그리고 수학반에도 잘 적응할 수 있도록 대성이가 알게 모르게 많은 도움을 주었다. 대성이를 가장 먼저 리더로 인정해 준 것도 현도였다.

'현도의 목숨을 바꿔서 윤이를 살린다면 난 견딜 수 없을 거야. 내 목숨으로 윤이와 현도가 살 수 있다면……, 그걸로 된 거야.'

한참 동안 오도카니 서 있던 대성이는 눈을 지그시 감고 길게 숨을 내쉬었다.

생각이 정리되자 머릿속에서 소용돌이치던 감정들이 가라앉고 마음이 편안해지는 것 같았다.

그러자 몸이 점점 투명해졌다. 죽음을 받아들이기로 결심했지만 갑작스런 몸의 변화에 덜컥 겁이 났다.

'난 이제 죽는구나.'

죽는다고 생각하니 새삼스레 못 해 본 게임도 많고, 못 먹어 본 음식도 많은 것 같았다. 또 건강해진 윤이에게 수학도 더 배우고 싶고, 엄마, 아빠와 함께 있고 싶은 생각이 들었다. 대성이는 엄마와 아빠의 얼굴이 눈 앞에 아른거려 눈물이 핑 돌았다.

'이대로 죽고 싶지 않아……. 어?'

대성이는 매스워치를 바라보고 깜짝 놀라 눈을 동그랗게 떴다.

'이것은…….'

매스워치에서 신비로운 빛이 나와 대성이의 온몸을 감쌌다. 매스워치에서 지금까지 느껴 보지 못했던 강력한 수학 에너지가 느껴졌다. 그 순간 투명해져 가던 몸이 다시 원래의 모습으로 되돌아왔다. 몸을 짓누르던 피로가 눈 녹듯이 사라지는 것 같았다.

"네가 죽는다고 생각했느냐?"

낮은 목소리가 차가운 공기를 가르며 울려 퍼졌다. 순간 마르트 신이 부연 연기처럼 대성이 앞에 나타났다.

"네? 네……."

대성이는 멍한 얼굴로 우물쭈물 대답했다.

현도가 먼저 답을 말하고 돌아갔기 때문에 자신이 인드라 신의 제물이 될 것이라고 생각했다.

마르트 신은 의아하다는 표정으로 대성이의 눈을 보고 물었다.

"너는 분명 그 소년보다 먼저 문제를 풀었다. 그런데 왜 정답을 말하지 않았느냐?"

"현도는 제 친구예요. 아무렇지도 않게 친구가 죽도록 내버려 둘 수 없었어요."

대성이는 주먹을 꾹 쥐고 또박또박 힘주어 말했다.

대성이는 진심으로 윤이를 살리기 위해 현도가 죽기를 바라지 않았던 것이다. 하지만 그런 마음을 마르트 신은 이해할 수 없었다.

"죽음 앞에서는 누구나 공평하다. 정말로 친구 대신 네가 죽겠단 말

이냐?"

"그런 건 아니지만……."

대성이는 머뭇머뭇 말을 잇지 못했다. 얼떨결에 매스레인저의 리더가 되기는 했지만 자신이 평범한 소년인 것을 누구보다 잘 알고 있었다. 슬프면 울고, 기쁘면 웃는 평범한 사람인 만큼 간절한 마음으로 살아남고 싶었다. 하지만 현도를 죽게 내버려 둘 수 없다는 마음이 더 컸기에 무섭고 두렵지만 이 자리에 남기를 선택한 것이다.

하지만 현도는 대성이와 윤이 사이에서 윤이를 선택했다. 그러고는 뒤도 돌아보지 않고 대성이를 남겨 두고 신전을 떠났다.

처음에는 그런 현도의 태도에 너무나 화가 났었다. 먼저 정답을 구하고도 머뭇거리다 기회를 놓쳐 버린 자신이 원망스럽기까지 했다.

"……그래도 윤이가 살아날 수 있다고 생각하니 마음이 놓여요."

대성이는 자기 때문에 윤이가 죽음의 문턱에서 힘든 싸움을 하고 있는데, 친구인 현도까지 잃고 싶지 않았다.

"너는 시험에 합격했다."

마르트 신의 목소리가 사원에 울려 퍼졌다.

"네?"

"너의 수학 능력은 아직 많은 부분이 미숙하다. 하지만 갈고 닦으면 더 큰 그릇이 될 수 있다는 가능성을 발견했다. 나 마르트 신은 그것을 시험해 본 것이다."

"시험이었다고요?"

대성이는 깜짝 놀라 소리쳤다.

'꼼짝없이 죽는다고 생각했는데, 이것이 모두 마르트 신의 시험이었을 줄이야.'

"그럼, 전 안 죽는 건가요?"

마르트 신이 대답 대신 고개를 끄덕이자 대성이는 만세를 하듯 머리 위로 손을 올리면서 폴짝폴짝 뛰었다. 그때 마르트 신이 큰 손으로 대성이의 팔을 붙잡았다.

1+2-3×4÷5

갑자기 대성이 손에서 매스워치가 강한 빛를 내뿜고 있었다. 그 빛을 유심히 지켜보던 마르트 신은 진지한 목소리로 말했다.

"너는 바주라를 받을 자격이 충분한 사람이다."

"바주라?"

"신의 힘을 가지고 있는 신의 무기다. 바주라는 너에게 강한 힘을 줄 것이다."

마르트 신은 천천히 손을 들어올려 허공에 하얀 구체를 띄웠다. 허공

파아아—!
너는 바주라를
받을 자격이 충분한
사람이다.

에 떠 있던 구체는 순식간에 대성이의 손에 딱 맞는 검으로 변했다.

"이게…… 바주라?"

검에는 강한 수학 에너지가 흐르고 있어 한눈에 보기에도 범상치 않은 무기인 것 같았다.

"인드라 신께서 신의 징표를 가진 자가 바주라의 주인이라 하셨다."

마르트 신의 말을 듣고 대성이는 뛸 듯이 기뻤다. 왜냐하면 그 말은 매스레드의 파워가 더 강해진다는 뜻이기 때문이었다.

"제가 그걸 가져가면 되는 건가요?"

마르트 신은 싱글벙글 웃으며 내미는 손을 단호하게 뿌리쳤다.

"네가 지금 이것을 사용했다가는 영혼까지 소멸되어 버릴 수 있다."

"그럼, 어떻게 해야 하나요?"

"이걸 쓰기 위해서는 수련을 해야 한다."

"단련하는 것이라면 자신 있어요."

대성이는 몸으로 하는 것이라면 무엇이든지 자신 있었다. 하지만 마르트 신은 절레절레 고개를 저었다.

"물론 육체적인 힘도 중요하지. 그보다 네게 필요한 것은 수학적인 지식이다. 아직 배우지 못한 도형을 내가 가르쳐 주마."

마르트 신은 대성이를 수련의 방으로 안내했다. 대성이는 현도가 사라진 문을 흘끔 바라보았다. 그러자 대성이의 조급한 마음을 알아챈 마르트 신이 말했다.

"그리 오래 걸리지 않을 거다."

마르트 신은 대성이를 다각형이 있는 방으로 데리고 갔다.

"지금부터 대각선에 대해 가르쳐 주마."

"이 사각형들의 대각선을 그려 보거라."

대성이는 사각형 위에 대각선을 그렸다.

"그럼, 두 대각선의 길이가 같은 사각형은 어떤 것들이 있는가?"

대성이는 대각선들을 바라보았다. 대성이에겐 카마슈에게 받은 능력이 있었기 때문에 두 대각선의 길이가 같은 사각형을 쉽게 찾아낼 수 있었다.

대각선이란?

다각형에서 서로 이웃하지 않는 두 꼭짓점을 연결한 선을 대각선이라고 해요. 삼각형에는 꼭짓점이 3개 있는데, 모두 서로서로 이웃하고 있으므로 삼각형에는 대각선을 그을 수 없어요. 하지만 사각형에는 2개의 대각선을, 오각형에는 5개의 대각선을 그릴 수 있답니다.

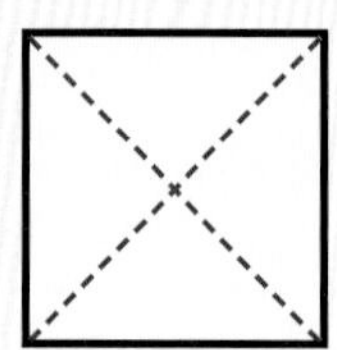
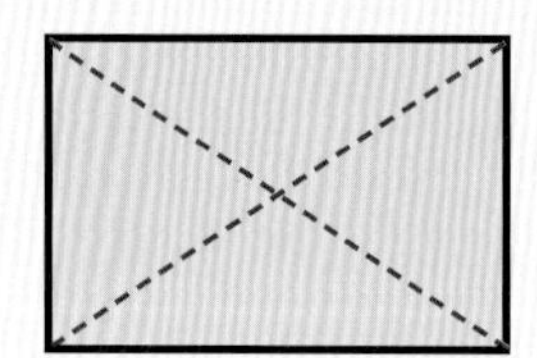
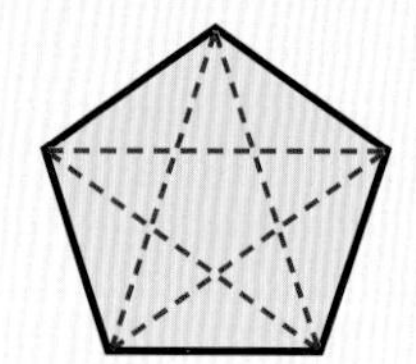

이 사각형들의
대각선을 그려 보거라.
모두 그렸어요.
두 대각선의
길이가 같은 사각형은
어떤 것들이 있는가?
음,
정사각형, 직사각형,
정사다리꼴입니다.
정사각형
직사각형
정사다리꼴
정사각형
마름모
그렇다면 두 대각선이
서로 수직인 것은
어떤 사각형들이냐?
정사각형과
마름모입니다.
두 대각선이
서로 수직이고 길이가
같은 경우는?
정사각형
입니다.
정사각형
그래. 모두
맞추었다.
두 대각선이
서로를 똑같이 반으로
나누는 경우는 마름모와
정사각형, 그리고
직사각형이다.
대각선이 서로를
수직으로 똑같이 나누는
경우는 정사각형이다.
잘 기억해 두어라.

"음, 정사각형, 직사각형, 정사다리꼴입니다."

"그렇다면 두 대각선이 서로 수직인 것은 어떤 사각형들이냐?"

"정사각형과 마름모입니다."

"두 대각선이 서로 수직이고 길이가 같은 경우는?"

"정사각형입니다."

"그래. 모두 맞추었다. 두 대각선이 서로를 똑같이 반으로 나누는 경우는 마름모와 정사각형, 그리고 직사각형이다. 대각선이 서로를 수직으로 똑같이 나누는 경우는 정사각형이다. 잘 기억해 두어라."

마르트 신의 도움으로 대성이의 학습 능력은 놀라울 정도로 발전을 거듭했다. 평소 같았으면 한 번 듣고 이해할 수 없었던 것들도 쉽게 이해되었고, 머릿속에 쏙쏙 들어갔다.

"다음은 합동에 대해서다. 공부할 준비는 되었느냐?"

"네!"

어느새 대성이와 마르트 신의 주위에 합동인 삼각형이 둥둥 떠다니고 있었다.

"여기 있는 도형의 공통점이 무엇이라고 보느냐? 자와 각도기를 이용해서 도형의 변의 길이와 각도를 재어 보고 똑같다고 생각되는 도형을 골라 보거라."

각각 도형의 각도를 재어 보던 대성이는 삼각형 세 개를 골라냈다.

"이렇게 길이와 각도의 크기가 모두 똑같아서 포개어지는 도형을 '합동'이라고 한다. 자와 각도기만으로 똑같은지 아닌지 알기 어렵다면 직접 오려서 포개어 보면 알 수 있지. 한 치의 오차도 없이 똑같이 포개어진다면 합동이다."

귀 기울여 듣던 대성이는 알았다는 듯 고개를 끄덕거렸다.

"직접 포개 보니까 정말 쉬운데요!"

마르트 신은 그런 대성이를 보고 흐뭇한 표정을 지었다.

"그런데 마르트 신께서는 왜 이곳에 남아 있는 건가요?"

"바주라를 지키라는 인드라 신의 명이 있었기 때문이다."

인드라 신은 시바 신과 치열한 싸움 뒤에 잠이 들었고, 지금도 회복하지 못하고 있는 상태라고 한다. 듣고 보니 강인해 보이던 마르트 신에게서 깊은 피로가 느껴졌다. 오랫동안 히시야스 산의 정상을 지키고 있었기 때문일 것이다.

"너는 어찌하여 인도로 온 것이냐?"

"바리문 악신에게 잡혀간 강 박사님을 구하기 위해서예요."

대성이는 그동안 일어났던 사건들을 이야기했다. 강 박사와 매스레인저에 대한 이야기, 바리문 악신들에 대한 이야기를 하자, 마르트 신의 얼굴이 딱딱하게 굳어졌다.

"어쩌면 시바 신의 부활이 머지않은 것 같구나."

"시바 신이라면 그 악신을 말하는 건가요?"

"그래. 한가로이 잡담을 나누고 있을 때가 아니군."

마르트 신은 말을 멈추고 대성이가 알아야 할 닮은 도형에 대해서 설명하기 시작했다.

"네가 부모님을 닮은 것처럼 똑같지는 않지만 어딘가 비슷한 부분이 있으면 닮았다고 한다. 하지만 도형은 그저 비슷하다는 점만으로는 닮았다고 할 수 없다. 이 도형들을 보아라."

"모양은 똑같은데 크기가 달라요."

"그래. 모서리의 수, 꼭짓점의 수, 각의 크기 등이 똑같다. 이렇게 모든 것이 같지만 크기만 다른 도형을 '닮은 도형'이라고 한다."

"그렇다면 원은 모두 닮은 도형인가요?"

"그래."

삼각형의 합동

1. 세 변의 길이가 모두 같아야 한다.
2. 두 변의 길이가 같고, 그 사이에 있는 각의 크기가 같아야 한다.
3. 두 각의 크기가 같고, 그 두 각 사이에 있는 변의 길이가 같아야 한다.

이 세 가지 중 하나를 만족하면 자동으로 모든 것이 같은 합동이 된다.

원은 크기만 다를 뿐 똑같이 생겼으니 닮은 도형인 것도 당연했다.

"바주라를 자세히 보아라."

마르트 신은 바주라를 꺼내 대성이의 눈앞에 보여 주었다. 바주라에서 뻗어 나오는 빛의 모양이 눈의 결정과 닮아 있었다.

"비슷한 모양들이 얽혀서 똑같은 모양을 만들어 내고 있어요."

"작은 부분을 들여다보아도, 큰 부분을 들여다보아도 전체와 같은 모양이 계속 나오는 것을 '프랙털'이라고 한다."

"프랙털이요?"

"자연계에는 이런 프랙털 형태를 가진 것이 많이 있다. 이것은 수학 에너지가 우리 주위에 있다는 것을 말하고 있지."

눈뿐만 아니라 너희가 자주 먹는 브로콜리도 프랙털이다. 자연계에서도 수학 에너지를 볼 수 있을 줄이야! 대성이는 수학이 얼마나 중요한 것인지 새삼 깨닫게 되었다.

쿵! 그때 신전을 울리는 커다란 소리가 주위를 뒤흔들었다.

"대성아, 조심하거라!"

대성이와 마르트 신이 있는 곳에 갑자기 수많은 수학 괴물들이 들이

네가 부모님을 닮은 것처럼
똑같지는 않지만 어딘가 비슷한
부분이 있으면 닮았다고 한다.
하지만 도형은 그저 비슷하다는
점만으로는 닮았다고 할 수 없다.
이 도형들을 보아라.
A
A'
B
B'
O
C'
C
A
B
C
B'
A'
C'
그래. 모서리의 수, 꼭짓점의 수,
각의 크기 등이 똑같다. 이렇게 모든
것이 같지만 크기만 다른 도형을
'닮은 도형'이라고 한다.
모양은 똑같은데
크기가 달라요.
그렇다면
원은 모두 닮은
도형인가요?
그래.
작은 부분을
들여다보아도, 큰 부분을
들여다보아도 전체와
같은 모양이
계속 나오는 것을
'프랙털'이라고 한다.

자연계에는 이런 프랙털 형태를
가진 것이 많이 있다.
프랙털이요?

이것은 수학 에너지가
우리 주위에 있다는 것을
말하고 있지.

닥쳤다. 어떻게 들어왔는지 모르겠지만 수학 괴물들은 삼각형과 사각형, 다각형 모양을 하고 있었다.

대성이는 깜짝 놀라 수학 괴물들을 둘러보았다. 그들 중에는 코끼리 머리를 가진 바리문의 악신인 가네샤도 있었다.

"바리문의 악신이 어떻게 여기까지 들어왔지?"

그러자 가네샤가 코끼리 머리를 흔들며 크게 웃음을 터뜨렸다.

"히시야스 산으로 가는 아이들의 뒤를 쫓아왔지. 그런데 이렇게 인드라 신의 호위 무관인 마르트 신을 만날 줄이야!"

말이 끝나기가 무섭게 가네샤는 수학 괴물들에게 마르트 신과 대성이를 공격하라고 소리쳤다.

"어떻게 하죠?"

"이제 싸우는 수밖에 없다. 너는 안전한 곳으로 피해 있거라."

마르트 신은 빠르게 말하며 대성이 앞으로 나섰다. 그러고는 독수리처럼 양팔을 뻗어 달려오는 수학 괴물들의 목덜미를 낚아채 우르르 몰려오는 수학 괴물들을 향해 던졌다. 마르트 신은 깜짝 놀랄 만큼 강했지만 혼자서 감당하기에 수학 괴물의 수가 너무 많았다.

'마르트 신이 조금 지쳐 보여. 혼자서 저 녀석들을 해치울 수 없을 거야. 내가 도와줘야 해!'

이런 생각이 들자 대성이는 재빨리 매스워치를 이용하여 매스레드로

변신했다. 수학 괴물들은 도형 모양을 하고 있었다.

'아까 배운 합동이나 닮은꼴이 도움이 될지도 몰라.'

대성이는 매스이글을 꺼내 똑같이 생긴 삼각형들을 향해 던졌다. 매스이글은 빙글빙글 돌면서 합동 삼각형들을 맞췄고, 그때마다 공격을 받은 삼각형 수학 괴물들이 하나하나 사라졌다.

"좋았어!"

대성이는 계속해서 닮은꼴과 합동 삼각형을 골라 수학 괴물들을 쓰러뜨렸다. 그러나 마르트 신과 매스레드가 힘을 합쳐 싸워도 수학 괴물들이 너무 많아 수가 조금도 줄어드는 것 같지 않았다.

"위대한 시바 신의 적, 마르트 신과 저 빨간 꼬맹이를 없애고 칼리 여신과 시바 신의 신뢰를 되찾고 말겠다. 얘들아, 저자들을 쓰러뜨려라!"

가네샤가 힘차게 손짓을 하자 수학 괴물의 수가 더욱 늘어났다. 그 바람에 대성이와 마르트 신은 서로 등을 맞댄 채 수학 괴물들에게 둘러싸여 가운데로 몰리고 말았다. 절체절명 위기의 순간에 대성이의 머릿속에 좋은 방법이 번뜩 떠올랐다.

"마르트 님, 지금 바주라의 힘이 필요해요!"

"그건 안 된다. 아직 네 몸이 버티지 못할 것이다."

"하지만 이렇게 당할 수는 없잖아요!"

마르트 신도 다른 방법이 없다는 것을 알고 있었다. 마음의 결심을 한 마르트 신은 왼손을 들어 축구공 크기의 빛의 구체를 만들어 허공에 띄웠다. 구체는 검의 형태로 변하여 대성이의 얼굴 앞으로 내려왔다.

'대성이가 바주라의 힘을 지탱할 수 있을까?'

걱정이 되었지만 바주라를 사용하지 않고서는 지금 이 상황에서 벗어날 방법이 없었다.

대성이는 자신의 영혼이 소멸할지라도 바주라를 절대 놓지 않을 것

이라고 다짐했다. 그러고는 큰 소리를 지르며 두 손으로 바주라를 꽉 움켜쥐었다.

"으아아아~!"

온몸이 타들어 가는 고통에 쥐어짜듯 비명을 질렀다. 눈앞이 캄캄해지고 정신이 아득해졌다. 이번에야말로 정말 죽을지도 모른다는 생각이 들었다. 지금 버티지 못하면 자신도, 강 박사도 구할 수 없다고 생각했다. 대성이는 고통과 공포를 이겨 내고 강한 의지로 눈을 떴다.

그러자 대성이의 눈앞에는 또 다른 자신이 서 있는 것이 아닌가!

"이건 나……?"

거울을 보는 것처럼 똑같았지만 눈이 금빛으로 빛나고 등 뒤에서 눈의 결정체 형태인 프랙털이 뻗어 나오고 있었다.

"바주라……?"

'그렇다. 나는 바주라의 혼이다.'

대성이의 질문에 자신과 똑같이 생긴 소년이 입을 다문 채 말했다.

'너에게 묻는다. 사각형에서 두 대각선이 서로 똑같이 반으로 나누는 경우, 그 사각형은 어떤 사각형인가?'

조금 전 마르트 신에게 들었던 기억이 났다. 대성이는 머릿속으로 대각선 그림을 그리며 똑똑히 대답했다.

"마름모와 정사각형, 그리고 직사각형!"

'그렇다면 대각선이 서로를 수직으로 똑같이 나누는 사각형은 어떤 사각형인가?'

그런 사각형은 단 하나밖에 없다. 대성이는 큰 소리로 대답했다.

"정사각형!"

그러자 대성이와 똑같은 형태였던 소년의 몸이, 프랙털 형태로 빛을 발하면서 황금색의 검 모양으로 변했다.

'좋아, 네게 힘을 주겠다.'

번쩍! 강렬한 빛에 찡그렸던 눈을 떠 보니 어느새 대성이의 손에 바주라가 쥐어 있었다.

"성공했군."

뒤에서 안도하는 마르트 신의 목소리가 들려왔다.

대성이는 몰려오는 수학 괴물들을 향해 검을 들었다.

"이야아앗!"

대성이가 소리를 지르며 수학 괴물들을 향해 바주라를 휘두르자 검날에 닿은 괴물들이 산산조각이 났다. 그뿐만 아니었다. 검날에서 뻗어 나온 프랙털의 빛에 닿은 수학 괴물들은 몸부림치며 괴로워하다가 사라져 버렸다.

"바주라, 엄청난 힘이다!"

놀라운 검의 힘에 대성이는 깜짝 놀라 눈을 깜박였다.

그 모습을 보고 있던 가네샤는 공포에 몸을 부르르 떨었다.

"바주라의 힘을 사용하다니. 저 꼬맹이, 우습게 볼 게 아니었군!"

이길 수 없다는 사실을 안 가네샤는 쓰러진 수학 괴물들을 내버려 두고 혼자 슬그머니 도망쳤다.

"마르트 님, 우리가 해냈어요!"

대성이가 폴짝폴짝 뛰면서 좋아하는데, 마르트 신이 큰 몸을 비틀거리면서 바닥에 주저앉고 말았다.

"고맙다. 네가 없었다면 나는 이곳을 지키라는 인드라 신의 명령을 어기게 되었을 것이다. 잘해 주었다."

"괜찮으세요?"

"힘을 너무 많이 잃었기 때문에 다시 잠들게 될 거다. 기력을 회복하려면 시간이 오래 걸릴 것이다."

금방이라도 울음을 터뜨릴 것 같은 대성이를 보고, 마르트 신은 처음으로 입가에 미소 지었다.

"그렇게 슬퍼하지 마라. 이제 바주라는 네 것이다. 그리고 네게 가르쳐 줄 것이 있다."

마르트 신은 왼손을 들어 허공에 인도의 지도를 띄웠다. 지도의 한 부분에 붉은색 점이 깜빡거렸다.

"너희는 매스레인저를 만든 강 박사를 찾고 있다고 했지? 잘 보거라. 붉은색 점이 있는 저곳에 악신들이 만든 연구소가 있다. 어쩌면 강 박사는 그곳에 있을 것이다."

"정말인가요?"

무작정 인도로 오기는 했지만 내내 막연했던 마음에 한줄기의 희망이 생겨났다. 대성이는 뛸 듯이 기뻐하며 잊지 않기 위해 머릿속에 그곳의 위치를 그려 넣었다.

마르트 신은 대성이에게 신성한 '새의 깃털'을 건네주었다.

“머릿속에 떠올리는 곳으로 이동할 수 있는 순간 이동의 깃털이다. 한 번밖에 사용할 수 없지만 지금 네게 큰 도움이 될 것이다.”

임시 기지를 떠올리면 그곳으로 돌아갈 수 있다는 의미였다.

“감사합니다, 마르트 님!”

대성이는 진심으로 마르트 신에게 고마워했다. 하지만 이대로 마르트 신과 헤어질 생각을 하니 조금 아쉬운 마음도 들었다.

마르트 신은 진지한 눈빛으로 대성이의 얼굴을 바라보았다.

“대성아, 만약 시바 신이 부활한다면 세상은 악신들의 세상이 될 것이다. 그러니 네가 반드시 막아야 한다. 나는 이곳을 떠날 수 없지만 우리는 훗날 반드시 같이 싸울 날이 있을 것이다.”

“알겠습니다.”

대성이는 마르트 신과 작별하고 순간 이동의 깃털을 들고 임시 기지를 생각했다. 그러자 놀랍게도 눈앞에 있던 마르트 신이 사라지고 임시 기지가 나타났다. 정말로 한순간에 공간을 이동한 것이었다.

‘강 박사님이 어디 있는지 알게 됐어. 빨리 심훈 박사님과 다른 아이들에게 이 사실을 알려야 해.’

윤이와 친구들을 만날 수 있다는 마음과 강 박사님을 구할 수 있다는 마음 때문에 임시 기지로 향하는 발걸음이 새털처럼 가벼웠다.

대각선과 합동, 도형의 닮음

 도형의 대각선

❶ 대각선이란?

다각형에서 서로 이웃하지 않는 두 꼭짓점을 연결한 선을 대각선이라고 해요. 따라서 삼각형의 대각선 개수는 0개예요. 왜냐하면 삼각형에는 꼭짓점이 3개 있는데, 모두가 서로 이웃하고 있으므로 삼각형에는 대각선을 그을 수 없기 때문이에요.

❷ 사각형의 대각선

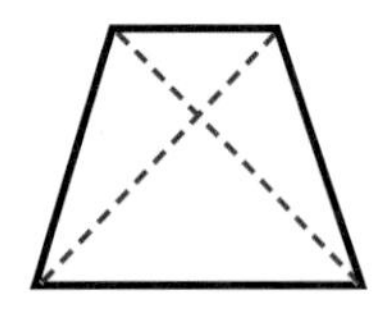
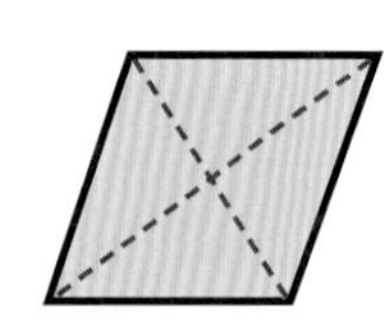
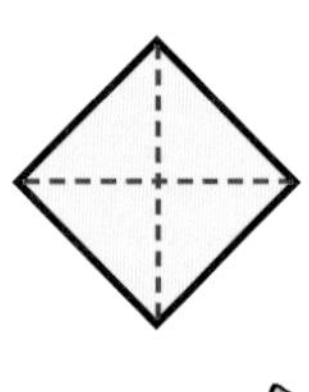

사각형의 대각선 개수는 2개이고, 오각형의 대각선 개수는 5개예요.

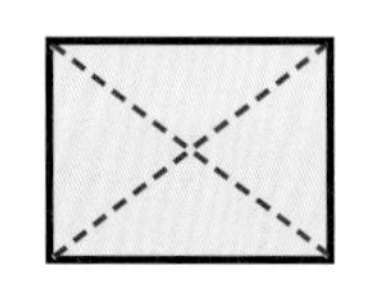
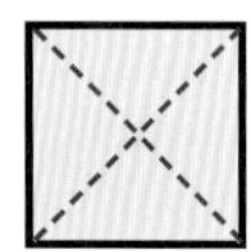

1) 두 대각선의 길이가 같은 경우예요.(정사다리꼴, 직사각형, 정사각형)
2) 두 대각선이 서로 수직인 경우예요.(마름모, 정사각형)
3) 두 대각선이 서로 수직이고, 길이가 같은 경우예요.(정사각형)
4) 두 대각선이 서로를 똑같이 반으로 나누는(이등분) 경우예요.(마름모, 정사각형, 직사각형)
5) 두 대각선이 서로를 수직으로 똑같이 반으로 나누는(수직 이등분) 경우예요.(정사각형)

❸ 대각선 그리기

먼저 한 꼭짓점에서 그을 수 있는 모든 대각선을 그려 보세요. 그러고 나서 옆에 있는 꼭짓점으로 이동해서, 그곳에서 그을 수 있는 모든 대각선을 또 그려 보세요. 그렇게 차례대로 꼭짓점을 이동해 가며 그리면 쉽게 그릴 수 있어요.

합동

❶ 합동이란?

길이와 각도의 크기가 모두 같아서 똑같이 포개어지는 도형을 합동이라고 해요. 똑같은지 아닌지 자와 각도기로 재어도 알기 어렵다면 직접 오려서 포개어 보세요. 한 치의 오차도 없이 똑같이 포개어진다면 합동이에요.

❷ 삼각형의 합동

삼각형은 세 가지 경우에 합동인 도형이 만들어져요. 첫 번째로, 세 변의 길이가 모두 같아야 해요(SSS합동). 두 번째로, 두 변의 길이가 같고 그 사이에 끼인 각의 크기가 같아야 해요(SAS합동). 세 번째로, 두 각의 크기가 같고 그 두 각 사이에 있는 변의 길이가 같아야 해요(ASA합동).

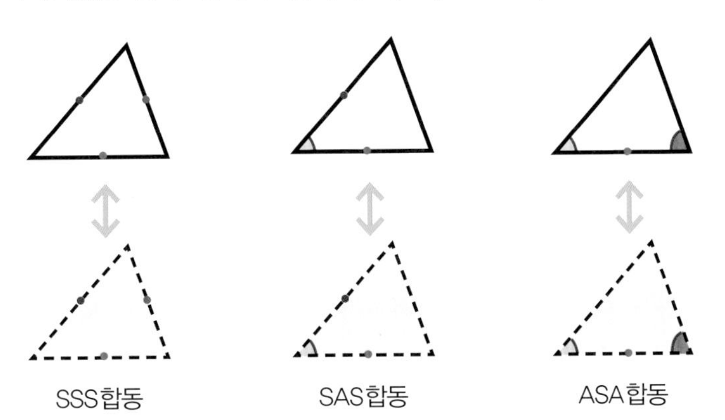

도형의 닮음

아래에 있는 그림은 서로 닮은 도형이에요. 둘은 완전히 똑같은 모양이지만, 크기만 달라요. 모서리의 수, 꼭짓점의 수, 각의 크기 등이 같지요. 이렇게 모든 것이 같지만 크기만 다른 도형을 '닮은 도형'이라고 해요.

1 다음 도형과 합동인 도형을 아래의 그림에서 찾아 색칠해 보세요.

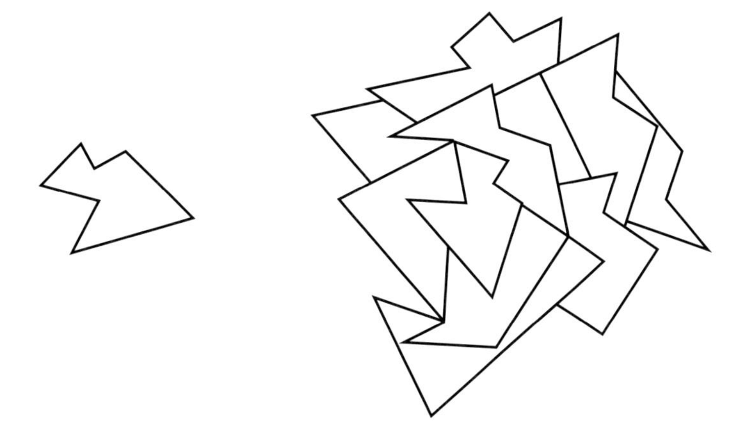

2 다음 도형들 중 닮음인 것을 찾아 색칠해 보세요.

⊙ 답은 190쪽에 있습니다.

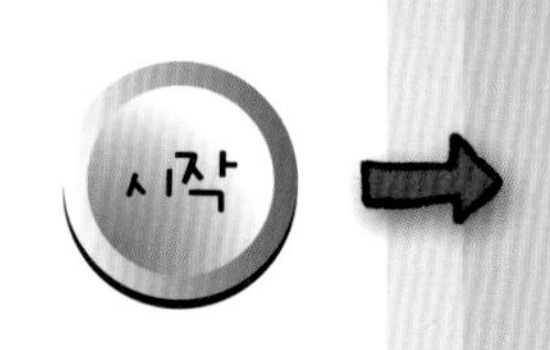

7

악신의 비밀 기지

완전 정복 7단계 선대칭 도형과 점대칭 도형(5~6학년)

직육면체와 정육면체는 무엇이 다를까?

직육면체의 모서리는 몇 개일까?

선대칭 도형이란?

선대칭 도형은
어떻게 그릴까?

점대칭 도형이란?

대성이가 마르트 신 밑에서 수련을 받는 사이에 현도는 히시야스 산에서 내려와 임시 기지로 돌아왔다.

"현도야, 잘했어. 그런데 대성이는?"

미라는 반갑게 현도를 맞이하면서도 대성이가 보이지 않아 왠지 마음이 불안했다.

"대성이는 곧 올 거야. 미라 누나, 그것보다 이게 바로 그 약초야. 빨리 윤이에게 먹여야 해."

현도는 윤이에게 줄 약초를 미라에게 건넸다. 미라는 알리미, 안슈미와 함께 약초를 달이기 시작했다.

가는 숨을 내쉬고 있는 윤이의 옆에 현도는 어두운 표정으로 앉아 있었다.

‘아마 대성이는 죽었을 거야. 내가 대성이를……’

깊은 죄책감이 마음을 무겁게 짓눌렀다.

잠시 후 미라와 안슈미가 달인 약을 가지고 들어왔다. 약을 먹고 나서 윤이의 얼굴에 발갛게 혈색이 돌아오기 시작했다.

“이제 윤이는 괜찮을 거야.”

미라와 안슈미가 안도의 한숨을 내쉬었다. 현도도 비로소 마음 한구석에서 걱정을 내려놓았다.

"이젠 너희도 좀 쉬어. 윤이를 좀 더 쉬게 해 주자."

윤이의 숨소리가 안정된 것을 보고 미라와 안슈미는 조용히 다른 방으로 갔다. 하지만 현도는 멍하니 그 자리에 남아 있었다.

현도가 죄책감에 괴로워하고 있는데, 윤이의 눈꺼풀이 파르르 떨렸다. 현도는 긴장된 목소리로 물었다.

"윤이야, 이제 괜찮아?"

정신이 돌아온 윤이는 비틀거리며 몸을 일으키려고 했다.

"움직이면 안 돼. 좀 더 누워 있어."

윤이는 힘없이 다시 침대에 누웠다.

"대성이는 어디 있어?"

"응, …… 곧 올 거야."

윤이를 안심시키기 위해 현도는 거짓말을 했다.

"네가 죽을 줄 알았어……. 하지만 죽지 않아서 다행이야."

안경 너머로 안도의 눈물을 닦아 내는 현도를 보고 윤이가 수줍게 웃었다.

"고마워……."

윤이는 죽을 고비를 넘기면서도 대성이와 현도가 자신을 위해 약초를 캐러 위험한 산행을 했다는 사실을 알고 있었다.

순간 이동 깃털을 이용해서 빛의 속도로 임시 기지로 돌아온 대성이는 마음이 급했다. 그래서 윤이가 괜찮아졌는지 궁금하여 창문으로 방

을 들여다보았다. 그런데 윤이가 나아졌다는 기쁨보다 현도에게 고맙다고 말하며 웃고 있는 모습을 보자 갑자기 화가 났다.

'두 사람 언제부터 저렇게 사이가 좋아진 거야?'

자신이 죽었다고 알고 있으면서 진실을 말하지 않는 현도에게도 화가 났다. 윤이 앞에서 의기양양하게 생명의 은인 행세를 하고 있지 않은가!

'난 윤이와 현도를 위해서 죽을 각오도 했는데!'

허탈감이 밀려와 다리가 후들거렸다. 미운 마음 때문에 가슴이 답답하다 못해 터져 버릴 것 같았다.

방 안에서 현도는 윤이를 보면서 대성이를 그대로 죽게 내버려 둘 수 없다고 생각하고 있었다.

'이제 대성이를 찾아와야 해.'

현도는 주먹을 꾹 쥐고 일어서다가 창문 앞에 서 있는 대성이를 보고 화들짝 놀라 몸이 얼어붙는 것 같았다.

"설마……!"

현도의 얼굴이 유령을 본 것처럼 창백해졌다.

"대, 대성아!"

현도가 놀란 얼굴로 대성이를 불렀다. 죽은 줄 알았던 친구가 살아 돌아왔다는 기쁨도 잠시, 대성이의 안색이 어두운 것을 보자 이내 마음이 무거워졌다. 대성이의 얼굴을 마주할 자신이 없었다.

대성이는 창문에서 떨어져 숲속으로 도망쳤다.

'현도, 이 나쁜 자식! 날 그렇게 버리고 간 주제에 어떻게 윤이 앞에서 잘난 척할 수가 있어?'

히시야스 산에서 고생했던 일들이 빠르게 머릿속을 스치고 지나갔

다. 화를 참지 못하고 씩씩거리고 있는데 검은 그림자가 나타났다.

"대성아, 언제 돌아왔니? 무사해서 다행이다!"

언제 왔는지 등 뒤에서 안슈미가 대성이를 덥석 끌어안았다.

"다친 데는 없어? 왜 안으로 들어오지 않고 여기 있어?"

"……."

"윤이는 이제 괜찮을 거야. 모두 너를 기다리고 있어. 빨리 임시 기지로 들어가자."

"저는 돌아가고 싶지 않아요."

대성이는 풀이 죽은 목소리로 말했다.

12345

안슈미는 심상치 않은 분위기를 느끼고 근처에 있는 낡은 의자에 앉았다.

"여기 앉아서 누나랑 재미있는 얘기나 하다가 들어갈까?"

안슈미는 헤헤거리며 해맑게 웃었다.

안슈미는 아무 말도 하지 않고 가만히 앉아 있는 대성이에게 흰 종이를 꺼내 보였다. 그런 다음, 물감을 꺼내 그 위에 떨어뜨리고는 종이를 반으로 접었다.

"이것 봐라. 짜잔!"

종이를 펼치자 중심선을 기준으로 똑같은 점이 두 개 생겼다. 그것을 보자 대성이는 미술 시간에 물감을 가지고 장난쳤던 기억이 났다.

'데칼코마니라고 했던가.'

"짠! 선대칭 도형이 됐지?"

대성이는 억지로 웃음을 지어 보였다. 기분을 풀어 주기 위해 종이를 접어 보이는 안슈미를 안심시키기 위해서였다.

"그런데 선대칭 도형이 뭐예요?"

"반으로 접은 선을 중심으로 똑같은 모양이 양쪽에 생기잖아. 이걸 '선대칭 도형'이라고 해."

안슈미는 바닥에 간단한 도형을 쓱쓱 그렸다.

선대칭 도형

거꾸로 생각해 보면, 선대칭 도형에 있는 대칭축은 도형을 반으로 똑같이 나눈다고 할 수 있어요. 즉, 수직으로 나누되 똑같이 나눈다는 뜻이에요.

"선대칭 도형은 말 그대로 대칭의 중심이 되는 선이 있어야 해. 그 선을 중심으로 접으면 어떻게 될까? 색종이를 접은 것처럼 똑같이 겹쳐지게 되지? 이렇게 똑같이 만나는 부분들에는 이름이 있어."

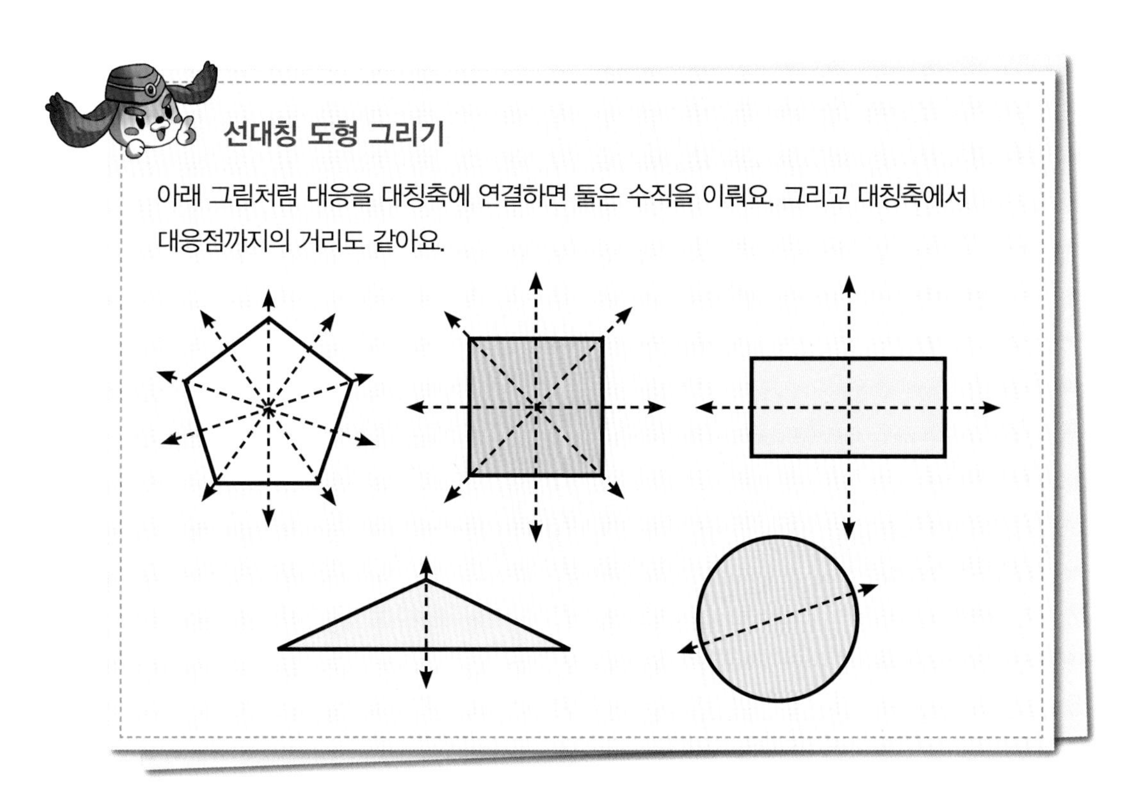

"아, 그렇구나!"

"서로 맞닿는 각을 대응각, 서로 맞닿는 변을 대응변이라고 해. 그리고 가운데 중심이 되는 선을 대칭축이라고 부르지. 대응각과 대응변의 크기는 같아."

"좋아, 그럼 점대칭 도형에 대해서도 알아볼까? 점대칭 도형에는 특징이 있어. 뭐일 것 같니?"

"음……, 대응변의 길이가 같은 거?"

"맞았어. 매스레인저의 리더답게 똑똑해졌는데! 점대칭 도형은 대응각, 대응변의 크기가 같아. 그리고 대응점끼리 이은 선분은 대칭의 중심에 의해서 이등분되지. 대응점은 대칭의 중심에서 같은 거리에 있고 방향이 반대라는 것도 특징이지."

"이렇게 보니 도형도 참 재미있는 것 같아요."

아까보다 표정이 밝아진 것을 보자, 안슈미는 안심했다는 듯 대성이의 등을 툭 쳤다.

"히시야스 산에서 무슨 일이 있었는지 모르겠지만 넌 최선을 다했다고 생

점대칭 도형이란?

평행 사변형 위에 투명 종이를 놓고 본을 떠서 가운데 핀을 꽂은 다음 투명 종이를 180도 돌렸을 때 완전히 겹쳐져요. 이게 바로 점대칭 도형이에요. 선대칭 도형은 선을 중심으로 겹쳐지는 것이고, 점대칭 도형은 점을 중심으로 180도 돌렸을 때 완전히 포개어지는 것을 의미해요.

좋아, 그럼
점대칭 도형에
대해서도 알아볼까?
점대칭 도형에는 특징이
있어. 뭐일 것 같니?
음……, 대응변의
길이가 같은 거?
맞았어.
매스레인저의 리더답게
똑똑해졌는데! 점대칭 도형은
대응각, 대응변의
크기가 같아.
그리고 대응점끼리 이은 선분은
대칭의 중심에 의해서 이등분되지.
대응점은 대칭의 중심에서 같은 거리에 있고
방향이 반대라는 것도 특징이지.
이렇게 보니 도형도
참 재미있는 것 같아요.

각해. 자, 힘내."

안슈미의 위로에 마음이 풀어진 대성이는 그제야 멋쩍게 웃었다.

"그럼, 이제 돌아가 볼까?"

안슈미의 말이 옳다고 생각한 대성이는 의기소침해 있을 게 아니라 자기가 할 수 있는 일에 최선을 다하기로 마음먹었다.

'그래, 우선 강 박사님을 찾는 일을 시작해야 해.'

12345

임시 기지로 돌아가자 미라와 수영이, 현도와 알리미가 대성이를 기다리고 있었다.

"어머, 대성아. 돌아왔구나! 현도보다 늦게 와서 얼마나 걱정했는데……."

"대성이 형, 정말 고생했어요."

"윤이는 이제 괜찮아졌어!"

모두 대성이를 끌어안고 반가운 마음을 표현하였다. 하지만 대성이는 호들갑스런 분위기를 밀어내고 자못 진지한 얼굴로 말했다.

"모두에게 할 말이 있어. 악신들의 비밀 기지를 찾았어."

"뭐? 그게 사실이냐?"

이렇게 말한 목소리는 다름 아닌 심훈 박사였다.

대성이는 벽에 걸려 있는 인도 전역의 지도에서 마르트 신이 가르쳐 준 위치를 손가락으로 정확히 가리켰다.

"히시야스 산의 마르트 신은 이곳에 악신들의 기지가 있을 거라고 했어요. 이곳에 강 박사님이 있을 지도 몰라요."

"확실히 그곳은 매스위성의 감시망에서 벗어나는 지점이에요."

대성이가 전해 준 정보를 확인하며 알리미가 눈을 반짝였다. 대성이를 바라보는 심 박사의 시선이 전과는 많이 달라져 보였다.

"마르트 신이라면 인드라 신의 호위 무관을 말하는 거구나. 네가 정말 히시야스 산에서 그 신을 만났단 말이냐?"

"예. 그래서 현도와…… 제가 붉은 약초를 받을 수 있었어요."

대성이는 짧은 순간 현도를 노려보았다. 하지만 현도가 자신을 죽도록 내버려 두고 갔다는 이야기는 하지 않았다.

"마르트 신은 시바 신이 부활할 거라고 했어요."

"시바 신?"

"설마 인드라 신과 싸웠다는 바리문 악신들의 우두머리 말이냐?"

갑자기 기지 안에 무거운 기운이 감돌면서 아이들이 두려운 마음에 술렁거렸다.

심 박사는 대성이의 어깨에 손을 얹으며 불안해하는 아이들을 진정시켰다.

"진심으로 용기 있는 행동이었다, 대성아. 너를 수학에 대해서 전혀 모르는 아이라고 생각해서는 안 되는 것이었는데……. 너는 정말 용감한 아이로구나."

심 박사는 매스레인저의 리더인 대성이에게 신뢰를 갖게 되었다. 친구를 위해 목숨을 아끼지 않고 험난한 산에 올랐던 용기가 심 박사의 마음을 움직였던 것이다.

"대성이와 현도는 정말 잘했다. 너희처럼 용기 있는 아이들을 몰라보다니 참으로 내가 어리석었구나."

심 박사의 칭찬에 현도는 고개를 숙였다. 대성이에게 했던 자신의 행동이 양심에 걸렸기 때문이었다.

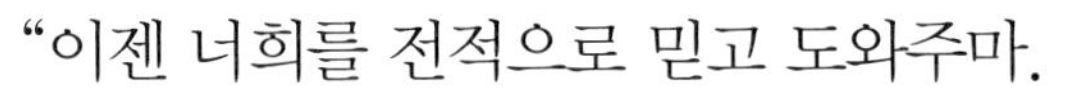

"이젠 너희를 전적으로 믿고 도와주마. 윤이의 몸이 회복되면 바로 악신들의 비밀 기지로 가자꾸나."

"감사합니다, 심 박사님!"

아이들은 한목소리로 크게 외쳤다.

회의가 끝나고 안슈미와 아이들은 내일을 위해 휴식을 갖기로 했다. 모두들 각자의 방으로 들어가고, 윤이의 간호를 맡은 현도는 윤이와 함께 들어갔다.

대성이는 빈방에 앉아 윤이의 공책을 펼쳤다. 모든 일이 잘 되었는데도 윤이의 귀여운 글씨체를 보고 있으니 갑자기 가슴이 먹먹해졌다.

'에잇, 공부나 하자. 앞으로 무슨 일이 있을지 모르잖아.'

강 박사를 구출하기 위해서는 어중간한 실력으로는 안 된다고 생각한 대성이는 세차게 머리를 흔들었다.

공책에는 여러 가지 모양의 입체 도형이 그려져 있었다. 대성이는 입

체 도형 중에서 평평한 도형과 뾰족한 면이 있는 도형, 모서리가 있는 도형들을 유심히 살펴보았다. 그중에는 동그란 모양의 구도 있었다.

"이건 공처럼 생겼네. 바닥에 굴리면 잘 굴러가겠다."

대성이는 여러 가지 모양의 입체 도형 중에서 가장 눈에 띄는 사각형 모양의 도형과 납작한 성냥갑 모양의 도형을 유심히 살펴보았다.

대성이는 밤새 공부하다가 그대로 잠이 들었다. 꿈속에서 현도와 윤이가 사이좋게 어깨동무를 하고 웃고 있었다. 잠에서 깬 대성이는 기분이 나빠져 울고 싶은 기분이었다.

'이젠 현도와 윤이의 도움은 절대 받지 않겠어.'

직육면체의 모서리

직육면체에는 12개의 모서리가 있어요. 직육면체의 모서리 길이를 모두 재어 보면, 4개씩 길이가 모두 같다는 특징을 발견할 수 있어요.

대성이가 작전 회의실인 응접실로 왔을 때 알리미가 호들갑을 떨며 뛰어나왔다.

"여러분, 악신들의 기지가 있는 정확한 위치를 알아냈어요."

"정말이에요?"

대성이가 상기된 얼굴로 묻자, 심 박사가 크게 고개를 끄덕였다. 심 박사는 알리미와 함께 밤새 악신들의 기지를 찾았는지 몹시 초췌한 모습이었다.

"이곳에서 그렇게 멀지 않아서 차를 타고 가면 될 것 같구나."

이제 강 박사를 구하러 가야 할 시간이다. 하지만 아직 몸이 회복되

정육면체와 직육면체

직육면체 가운데 모서리의 길이가 모두 같은 도형은 정육면체예요. 정육면체는 직육면체 중 하나이며, 직육면체의 특징을 모두 가지고 있지만, 한 가지 중요한 특징을 더 가지고 있어요. 그것은 모서리의 길이가 모두 같다는 거예요. 또한 모서리의 길이가 같으면 정육면체의 면을 이루고 있는 사각형은 정사각형이 된답니다.

직육면체의 면 사이의 관계

직육면체의 마주 보는 면은 서로 평행해요. 그리고 이처럼 만나지 않는 두 평행한 면을 직육면체의 밑면이라고 해요. 그런데 직육면체에는 평행인 면이 세 쌍 있으므로, 모든 면이 밑면이 될 수 있어요.

지 않은 윤이를 어떻게 해야 할지 모두 고민에 빠졌다.

"저도 함께 갈 수 있어요."

때마침 윤이가 현도와 함께 응접실로 들어왔다. 두 사람이 함께 들어오는 것을 보고 대성이는 자기도 모르게 고개를 숙이고 말았다.

"윤이가 괜찮다고 말하니, 다행이라는 생각이 드는구나. 하지만 무리

는 하지 말거라."

"알겠어요."

심 박사는 그제야 마음이 놓인다는 듯 고개를 끄덕여 보였다.

"모두 준비됐느냐? 자, 악신들에게서 강 박사를 구해 오자."

"네, 심 박사님!"

의지에 찬 심 박사의 말끝에 아이들은 주먹을 꾹 쥐고 입술을 앙다물었다.

서포터를 맡은 심 박사와 알리미는 임시 기지에 남고, 아이들은 차례차례 차에 올라탔다. 안슈미는 물과 도시락, 간식거리를 챙긴 뒤 운전석으로 갔다.

1+2-3×4÷5

윤이는 운전대를 붙잡고 미소 짓고 있는 안슈미를 걱정스러운 얼굴로 지켜보았다. 코브라에게 물려 정신이 혼미하던 날 보았던 안슈미의 얼굴이 머릿속에서 계속 맴돌았다. 윤이는 안슈미의 행동이 수상쩍게 느껴져서 마음에 걸렸다. 어제부터 대성이에게 안슈미에 대한 얘기를 하고 싶었지만, 대성이의 표정이 워낙 무서워서 좀처럼 말을 걸 수 없었다.

아이들은 강 박사를 만날 희망에 부풀어 차 안에서 수학 공부를 시작했다. 한참 동안 차를 타고 가자, 멀리 피라미드가 우뚝 선 황야가 보였다. 인도 땅에 피라미드가 있다니 눈으로 보면서도 믿기 어려울 정도로 신기한 일이었다.

"저기 보이는 피라미드가 바로 악신들의 비밀 기지예요. 수학 에너지를 사용할 수 없는 보통 사람들의 눈에는 보이지 않아요."

대성이와 아이들은 피라미드 앞에서 내려 매스레인저로 변신을 했다. 악신들에게 들키지 않고 기지 안으로 들어가기 위해 미리 준비를 한 것이었다.

"정문은 너무 위험해요. 일단 제 말에 따라 주세요."

알리미는 매스위성을 이용하여 아이들의 행보를 정해 주었다.

"찾았어요! 피라미드의 오른쪽에 또 다른 문이 있어요. 그쪽으로 들어가면 악신들에게 들키지 않고 갈 수 있어요."

대성이가 먼저 조심스럽게 피라미드로 걸어갔다. 막 오른쪽 문으로 다가가려는데 알리미가 다급한 목소리로 대성이를 불러 세웠다.

"멈춰요, 매스레드. 그곳에는 수학 트랩이 있어서 더 가면 들키게 돼요. 발밑을 잘 보세요."

대성이가 발밑을 살펴보니 삼각형이 하나 있고, 조금 떨어진 곳에 점이 하나 덩그러니 그려져 있는 것이 보였다.

"저건 뭐지?"

미라가 알 수 없다는 표정을 지으며 고개를 갸웃거렸다. 발밑에 있는 그림이 무엇을 뜻하는지 알 수 없었기 때문이었다.

'이건 설마……!'

현도와 윤이가 알아보기 전에 대성이는 이것이 점대칭 도형을 의미한다는 사실을 눈치챘다.

대성이는 설명 대신 바닥에 쪼그리고 앉아 점대칭 도형을 그렸다. 자를 이용하지 않고 빠른 속도로 도형을 그려 내는 모습을 보고 있던 수영이와 미라가 깜짝 놀라며 소곤거렸다.

"누나, 대성이 형이 달라진 것 같아요."

"그래, 히시야스 산에 다녀오더니 완전히 다른 사람이 된 것 같아."

두 사람의 대화에 히시야스 산에서의 일이 생각난 현도는 대성이에 대한 죄책감에 순간 몸이 굳어 버린 것 같았다. 미안한 마음이 클수록 괴로움도 점점 커졌다.

"잘했어요, 매스레드. 트랩이 사라졌어요."

알리미는 대성이를 칭찬했다.

그때 바로 또 다른 수학 트랩이 나타났다. 그것은 입체 도형이었다. 대성이와 아이들은 정신을 바싹 차렸다.

이번에는 정육면체가 그려져 있었다. 그리고 '다음 도형의 면은 무엇으로 이루어져 있는가?'라고 쓰여 있었다. 다른 아이들은 도형이 정육면체인지 직육면체인지 헷갈렸지만, 정확한 길이를 잴 수 있는 대성이의 눈에는 모서리의 길이가 모두 같은 것이 똑똑히 보였다.

"정사각형!"

문제를 푼 대성이가 소리치자, 순식간에 수학 트랩이 사라졌다. 아이들은 대성이가 다른 사람의 도움 없이 혼자서 척척 문제를 해결하는 모습에 놀라움을 금치 못했다.

'아무도 믿지 않고 혼자 헤쳐 나가야 해.'

대성이는 마음속으로 굳게 다짐하면서 앞장서서 다음 트랩을 향해 뚜벅뚜벅 걸어갔다.

"대성이 형, 너무 열심히 하는 거 아니에요?"

대성이가 다른 사람보다 수학이 뒤처진다고 생각했던 아이들은 평소와 달라 보이자 깜짝 놀랐다. 윤이도 그런 대성이가 걱정되어 조심스럽게 현도에게 물었다.

"현도야. 히시야스 산에서 무슨 일이 있었던 거야?"

현도는 윤이에게 자기가 대성이가 죽도록 내버려 두고 혼자 왔다는 이야기를 할 수 없어 지그시 입술을 깨물었다.

"……나도 잘 모르겠어."

히시야스 산을 떠난 후의 일은 알 수 없으므로 현도도 딱히 해 줄 말이 없었다.

'내가 떠난 다음에 무슨 일이 있었던 걸까?'

현도는 오늘 아침에도 대성이가 자신을 피했던 것을 느꼈다. 차라리 대성이가 화를 냈다면 마음이 더 편해졌을 텐데……. 무슨 말을 하려고 해도 대성이가 피하기만 하니 현도의 마음은 점점 더 무거워지기만 했다.

다음 트랩으로 향하던 대성이는 이야기하면서 걷고 있는 현도와 윤이를 곁눈질로 흘끔 바라보았다. 분위기가 아주 좋아 보였다.

'역시 내가 없어지고 나서 두 사람이 친해진 게 틀림없어.'

다정해 보이는 모습을 보니 마음속에서 질투가 끓어 올라왔다. 두 사람에 대한 미움과 배신감이 온몸을 점령한 것 같았다.

'두고 보자. 너희 없이 혼자서도 잘한다는 걸 보여 주겠어.'

대성이는 마음속에 어둠이 자라나고 있다는 사실을 알지 못한 채 성큼성큼 앞으로 갔다. 자기 혼자만의 힘으로 강 박사를 구하겠다고 다짐하면서 말이다.

선대칭 도형과 점대칭 도형

도형의 대칭

❶ 선대칭 도형이란?

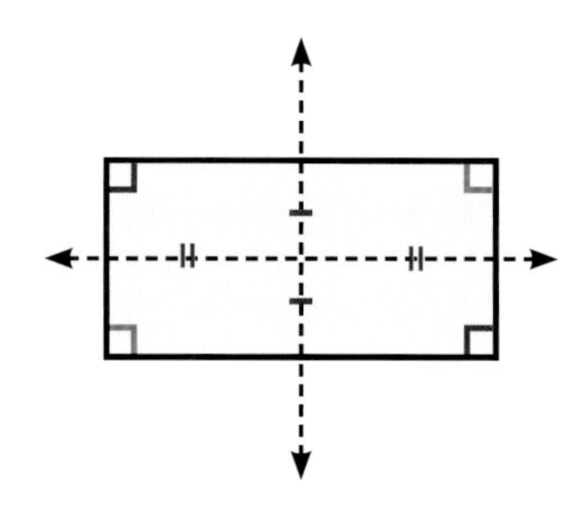

색종이를 반으로 접은 후 가위로 오려 보세요. 그런 다음 다시 펴 보면 똑같은 모양이 양쪽으로 나오는 것을 알 수 있어요. 또 종이 위에 물감을 한두 방울 떨어뜨려 놓고 반으로 접은 후 펴면 똑같은 모양이 두 개가 생기지요. 이렇게 반으로 접은 선을 중심으로 똑같은 모양이 양쪽에 생기는 것을 선대칭 도형이라고 해요. 그리고 서로 맞닿는 각을 대응각, 서로 맞닿는 변을 대응변, 가운데 중심이 되는 선을 대칭축이라고 해요. 대응각과 대응변은 크기는 같아요.

1) 선대칭 위치에 있는 도형

선대칭 위치에 있는 도형은 말 그대로 위치가 선대칭인 도형을 말해요. 투명종이에 대고 도형의 본뜬 후 대칭축을 따라 접은 뒤에 폈을 때, 두 도형이 똑같이 들어맞는 것이 선대칭의 위치에 있는 도형이에요.

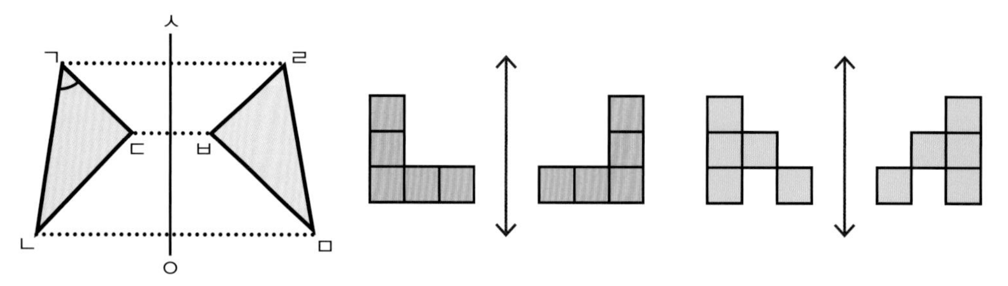

2) 선대칭 도형과 선대칭 위치에 있는 도형의 차이

	선대칭 도형	선대칭 위치에 있는 도형
대칭	자대칭(자기 대칭)이에요.	타대칭(상호 대칭)이에요.
대칭축	도형 안에 있고 개수가 다양해요.	도형 밖에 있고 항상 1개예요.
평면 도형의 수	1개예요.	2개예요.

❷ 점대칭 도형이란?

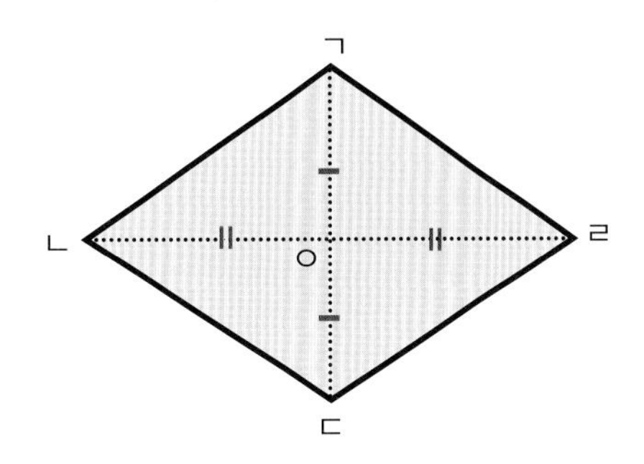

점대칭 도형은 평행 사변형 위에 투명 종이를 놓고 본을 떠서 가운데 핀을 꽂은 다음, 투명 종이를 180도 돌렸을 때 완전히 겹쳐지는 것이 바로 점대칭 도형이에요. 선대칭 도형은 선을 중심으로 겹쳐지는 것이고, 점대칭 도형은 점을 중심으로 180도 돌렸을 때 완전히 포개어지는 것을 뜻해요.

1) 점대칭 도형의 성질

① 대응각, 대응변의 크기는 같아요.

② 대응점끼리 이은 선분은 대칭의 중심에 의해서 이등분돼요.

③ 대응점은 대칭의 중심에서 같은 거리에 있고 방향이 반대예요.

2) 점대칭의 위치에 있는 도형

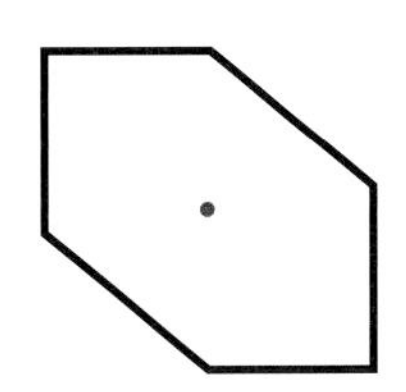
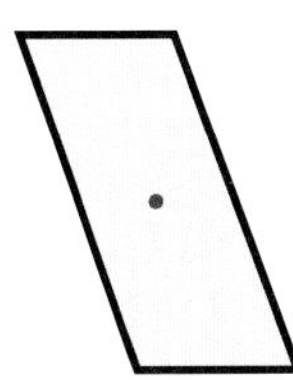
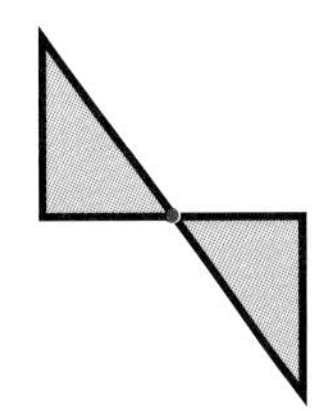

입체 도형

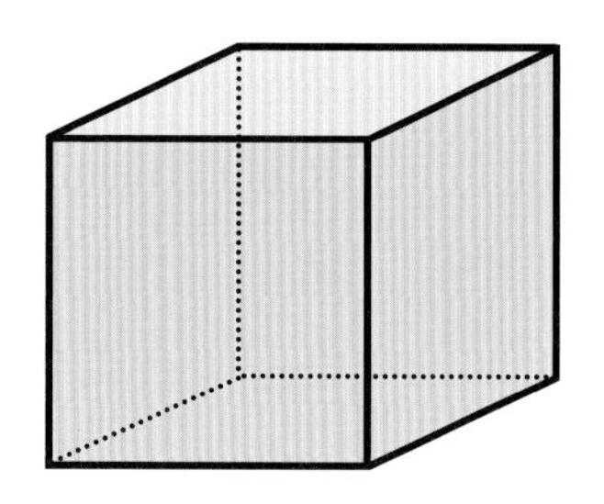

❶ 오른쪽의 그림은 상자 모양이에요. 주변을 둘러보면 상자 모양이 많이 있지요. 상자 모양의 면은 직사각형 모양이에요. 직사각형의 모양이 6(육)개의 면으로 둘러싸여져 있는 입체라고 해서 직육면체라고 불러요.

1) 직육면체의 꼭짓점과 모서리

직육면체에는 과연 몇 개의 꼭짓점과 모서리가 있을까요?

직육면체는 면 6개, 꼭짓점 8개, 모서리 12개로 이루어져 있어요.

2) 직육면체는 어떻게 잘라도 직사각형이 나올까요?

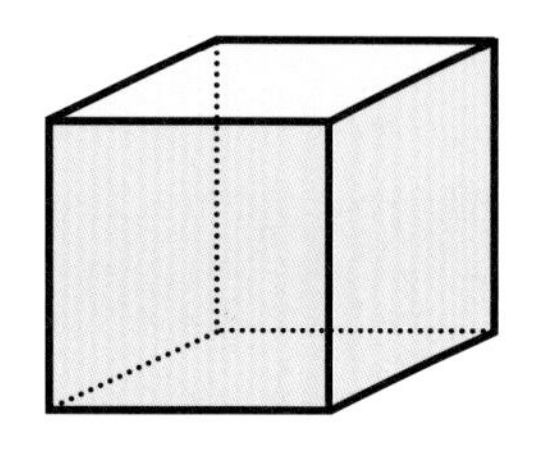

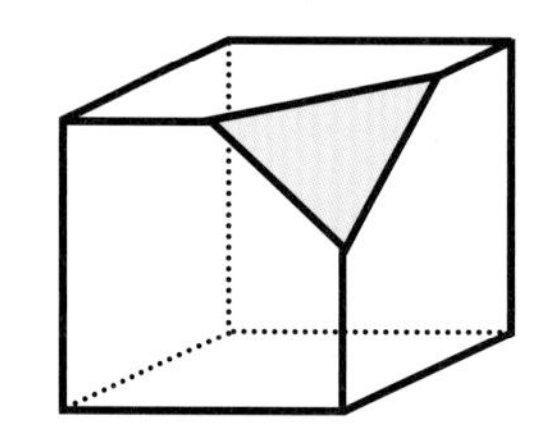

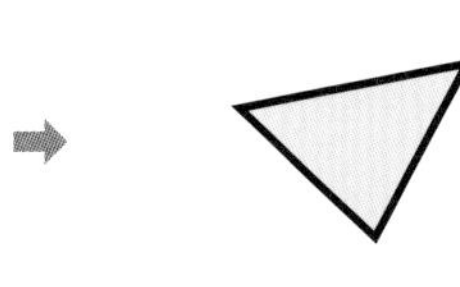

직육면체는 어떻게 잘라도 직사각형 모양만 나온다고 생각할 수 있어요. 그러나 위의 그림처럼 모서리를 비스듬히 자르면 삼각형이 나오지요. 그러므로 직육면체는 어떻게 잘라도 직사각형이 나오는 것이라고 생각하면 안 됩니다.

1 아래의 그림을 보고 대칭축을 그려 보세요.

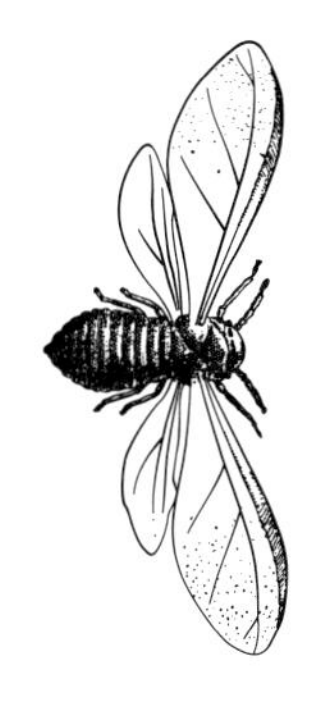

2 다음 도형의 점대칭 도형을 그려 보세요.

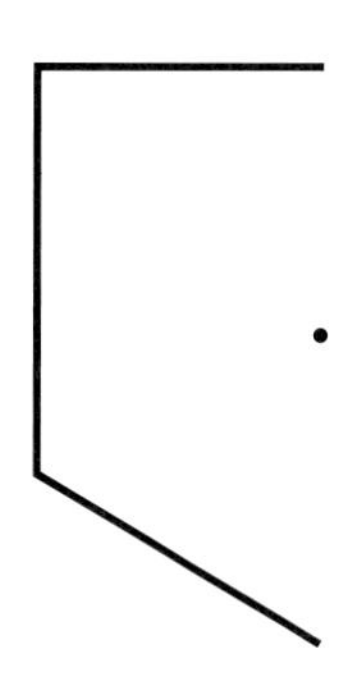

⊙ 답은 191쪽에 있습니다.

8

강 박사를 구출하라!

완전 정복 8단계 입체 도형(5~6학년)

각뿔의 높이는 어떻게 잴까?

각뿔이란 무엇일까?

구란 무엇일까?

각기둥이란
무엇일까?

각기둥의
높이를 재려면?

철컹!

요란한 소리와 함께 악신의 기지로 들어가는 마지막 철문이 열렸다.

"형, 진짜 멋져요!"

수영이가 감탄하자 대성이는 별것 아니라는 듯 어깨를 으쓱했다. 빠른 속도로 문제를 풀 수 있었던 것은 히바카 노인이 준 특별한 능력 때문이었지만, 다른 아이들에게 알려 줄 생각은 없었다.

"대성이만 있으면 강 박사님을 찾는 건 문제없겠네."

다른 아이들과 함께 있던 안슈미가 대성이를 추켜세웠다.

"당연하죠. 누나는 내 뒤로 바싹 따라오세요."

대성이가 일부러 씩씩한 척하면서 앞장서려는데, 윤이가 앞을 가로막았다.

"대성아, 들어가기 전에 얘기하고 싶은 게 있어."

"그럴 시간이 없어. 우린 지금 당장 강 박사님을 찾으러 가야 해."

"하지만 이건 아주 중요한 일이야. 잠깐이면 돼."

대성이는 진지한 얼굴로 부탁하는 윤이를 외면했다.

"그런 얘긴 현도한테 하지 그래?"

대성이는 차갑게 쏘아붙이고, 성큼성큼 앞서 걸어 나갔다. 윤이는 어두운 표정으로 대성이의 뒷모습을 바라보았다.

"…… 아마 나 때문일 거야."

뒤에서 그 모습을 보고 있던 현도가 괴로운 듯 중얼거렸다.

"너, 대성이와 무슨 일이 있었구나?"

"……."

현도는 이번에도 말을 하지 못했다. 대답을 기다리던 윤이는 한숨을 내쉬고 결심한 듯 현도에게 다른 질문을 했다.

"너, 안슈미 언니에 대해서 어떻게 생각해?"

"안슈미 누나? 네 치료약을 찾아 준 사람이잖아. 왜 그러는데?"

"내가 코브라에게 물려서 침대에 누워 있던 날, 눈을 떴을 때…… 안슈미 언니가 날 바라보는 눈이 심상치 않았어. 보통 사람이 아닌 것 같다고 해야 하나……?"

윤이는 그날 보았던 안슈미의 차가운 얼굴을 떠올리며 파르르 몸서리를 쳤다.

"히시야스 산에 다녀온 후에 대성이도 이상해졌잖아. 만일 그것도 안슈미 언니와 관련 있는 일이라면……."

현도는 알아들었다는 듯 고개를 끄덕였다.

"알았어. 나도 안슈미 누나를 잘 살펴볼게. 그러니까 너도 너무 걱정하지 마."

"으응."

두 사람은 뒤늦게 앞서 간 일행들을 뒤따라가기 위해 걸음을 재촉했다. 현도는 강 박사를 구하고 나면 대성이에게 사과해야겠다고 마음속으로 다짐했다.

대성이는 의기양양하게 밑면이 정사각형으로 이루어진 각뿔 모양의 피라미드 안으로 들어섰다. 그러고는 피라미드의 오른쪽 문을 통해 안으로 들어갔다. 알리미의 정보대로 입구를 지키고 있는 수학 괴물은 한 명도 없었다.

"날 따라와."

피라미드 안에서도 앞장선 대성이는 벽에 몸을 바싹 붙이고 조심스럽게 걸었다. 미라가 그 뒤를 따라가면서 알리미와 통신을 했다.

"알리미야, 피라미드의 안쪽도 확인할 수 있니?"

"지금 심 박사님과 노력하고 있어요. 이 피라미드는 사 층으로 이루어져 있는데, 꼭대기 층에 거대한 구가 있는 걸로 추정돼요."

"구?"

"악신들이 수학 에너지를 모으는 수단일 거예요."

"그럼, 강 박사님은 어디에 있는데?"

구

축구공과 야구공, 배구공과 같이 한 점과의 거리가 같은 점들의 집합을 '구'라고 해요.

"아직 잘 모르겠어요. 좀 더 올라가 보는 게 좋겠어요, 매스레드."

알리미의 말에 대성이가 말없이 고개를 끄덕였다.

"시바 신을 부활시키기 위해 수학 에너지를 모으는 거겠죠?"

뒤따라오던 수영이가 한숨 쉬듯 묻자 미라가 조용히 대답했다.

"그래, 아마 그래서 강 박사님을 납치했을 거야."

"시바 신이 깨어나면 이 세상은 어떻게 될까요?"

"글쎄……, 그런 걱정을 하기보단 우선 강 박사님을 찾아보는 게 좋겠다."

악신들의 틈에서 고생하고 있을 강 박사를 생각하니 마음이 급해졌다. 아이들은 최대한 빠르고 조용하게 안쪽으로 들어갔다.

1+2-3×4÷5

매스레인저와 안슈미가 기지 안쪽의 미로 같은 길에 도착했을 때, 매스워치에서 들려오는 알리미의 소리가 점점 멀어져 갔다.

"중심에 가까워질수록 악신들의 힘이 강해서 통신이 끊길지도 모르겠어요. 여러분, 조심하세요."

"얘들아, 길을 잘 모르겠으면 안슈미를 믿어 보거라. 안슈미는 수학 에너지를 찾아내는 능력이 있단다."

이 말을 마지막으로 통신이 끊기고 말았다. 이제부터 매스위성의 도움을 받을 수 없게 되었다.

“안슈미 언니가 있어서 다행이에요. 언니는 어떻게 수학 에너지를 느낄 수 있나요?”

“그냥 하면 되더라구.”

매스레인저들은 머리를 긁적이며 말하는 안슈미를 미덥지 못한 눈으로 쳐다보았다. 특히 윤이와 현도는 의심이 가득한 눈빛을 보냈다.

안슈미가 말하는 길로 가는 동안 매스레인저들은 수학 괴물들을 만나지 않고 피라미드 안쪽 깊숙이 들어갈 수 있었다.

안슈미가 안내한 곳의 맞은편에는 오각기둥처럼 생긴 입체 영상이 하나 있었다.

"저곳으로 들어가면 수학 에너지가 모이는 방으로 갈 수 있을 거야."

안슈미 덕분에 생각보다 쉽게 도착하자 아이들은 안도의 한숨을 내쉬었다.

"안슈미 언니, 정말 굉장해요."

"누나 말대로 가니까 정말로 수학 괴물들을 만나지 않았어요."

대성이와 아이들이 안슈미의 말을 믿고 문으로 들어서려고 할 때, 윤이가 아이들의 앞을 막아섰다.

"안슈미 언니의 말을 믿어선 안 돼! 안슈미 언니는 우리에게 뭔가 숨기고 있어."

"윤이야, 그게 무슨 소리니?"

"의심할 만한 특별한 이유라도 있는 거야?"

미라와 대성이가 번갈아 가며 다그치자, 윤이는 그만 입을 다물고 말았다. 확실한 증거가 없었기 때문이었다.

"그건……."

윤이가 우물쭈물 말을 잇지 못하자 대성이는 오각기둥 쪽으로 발걸음을 옮겼다.

"우리를 돕고 있는 안슈미 누나를 그런 식으로 말하는 건 옳지 않아. 또다시 그런 말을 하면 윤이 너라도 용서하지 않을 거야."

"대성아……."

괴로움이 담긴 윤이의 목소리를 들으면서 대성이는 안쪽으로 들어갔다. 안슈미도 난처한 표정을 지으며 뒤따라갔다.

아이들이 모두 오각기둥 안으로 들어가자 오각형 밑면이 오색찬란한 빛을 발했다. 너무 밝은 빛에 감았던 눈을 다시 떴을 때, 아이들은 피라미드와 똑같이 생긴 사각뿔의 기둥 안에 서 있는 것을 알게 되었다.

"앗!"

수영이는 자기도 모르게 외마디 비명을 질렀다.

그곳에는 대성이를 쫓아 히시야스 산까지 따라왔던 악신 가네샤와 다양한 각기둥과 각뿔처럼 생긴 수학 괴물들이 꽉 들어차 있었기 때문이었다.

얏!

'역시 함정이었어.'

윤이는 재빨리 안슈미의 표정을 살폈다. 하지만 안슈미도 다른 아이들처럼 깜짝 놀란 표정을 짓고 있었다.

"요 꼬맹이들, 어느 틈에 기지 안으로 숨어든 것이냐?"

당황하기는 악신 가네샤와 수학 괴물들도 마찬가지인 것 같았다. 특히 가네샤는 나쁜 짓을 하다가 들킨 것처럼 대성이를 보고 화들짝 놀라 비명을 내질렀다.

"히시야스 산에서부터 나를 따라왔나 보구나. 꼬맹이가 제법인걸!"

"웃기네, 코끼리 머리! 모르면 가만히 있지 그래?"

대성이가 콧방귀를 뀌며 빈정거리자 열이 바싹 오른 가네샤가 부하들에게 버럭 소리쳤다.

"저 쫄쫄이 꼬맹이들을 모두 쓸어 버려라!"

그러자 사각기둥, 오각기둥 모양의 괴물들이 일제히 매스레인저들을 향해 다가왔다. 또 각뿔과 원뿔 괴물들도 날카로운 뿔로 위협하면서 서서히 압박을 가해 왔다.

매스레인저들은 날쌔게 매스워치로 매스빔을 쏘았지만 이상하게도 아무런 효과가 없었다.

"어떡해요? 그냥 쏘아서는 안 되나 봐요!"

당황한 수영이가 원뿔 괴물을 보면서 울상을 짓고 있는데, 대성이가 날렵한 솜씨로 각각 색깔이 다른 원뿔 괴물들을 동시에 쏘았다. 순간 원뿔 괴물이 빛과 함께 사라졌다. 그제야 수영이는 안도의 숨을 쉬면서 놀란 마음을 쓸어내렸다.

"같은 모양의 괴물들을 차례로 쏘아야 해!"

대성이가 아이들에게 소리치자 다른 매스레인저들도 발 빠르게 움직였다. 오각기둥은 오각기둥끼리, 사각뿔은 사각뿔끼리, 원뿔은 원뿔끼

리 차례로 쏘아 맞추었다. 그러자 수학 괴물들의 수가 점점 줄어들기 시작했다.

대성이는 날렵한 솜씨로 많은 수학 괴물들을 물리치고, 순식간에 가네샤의 앞에 우뚝 섰다.

"꼬맹이가 어느 틈에 이렇게 강해진 거지?"

가네샤는 얕잡아 보았던 대성이의 실력에 깜짝 놀라 자신도 모르게 감탄했다.

"난 예전의 매스레드가 아니다, 이 코끼리 머리야!"

대성이는 소리치면서 바주라를 꺼내어 쉴 새 없이 가네샤를 공격하기 시작했다. 가네샤는 공격을 막아 내려고 애썼지만 번개 같은 속도에 몸이 점점 지쳐갔다.

"너 때문에 마르트 신이 힘을 잃었단 말이다!"

대성이는 세찬 빗줄기처럼 공격하여 가네샤를 벽으로 몰았다. 궁지에 몰린 갸네사는 바주라의 강렬한 빛에 놀라 몸을 움츠렸다.

'지금은 도망가는 게 좋겠다.'

도저히 이길 수 없다고 생각한 가네샤는 연막탄을 던진 뒤에 도망갈 생각을 했다. 하지만 연막탄은 공중에 뜬 채 수영이가 쏜 매스빔에 부서지고 말았다.

"누구 맘대로? 그렇게는 안 되지!"

대성이와 매스레인저들은 가네샤가 도망치지 못하도록 둥글게 에워쌌다.

"이제 도망갈 수 없다. 너의 죗값을 치르게 해 주마!"

대성이는 바들바들 떨고 있는 가네샤에게 다가갔다. 그러고는 가네샤의 목에 바주라를 갖다 대고 말없이 노려보았다. 옆에 서 있던 매스레인저들에게도 분노가 고스란히 느껴져 모두 긴장된 눈빛으로 대성이를 바라보았다.

"사, 살려 줘!"

가네샤가 긴장감을 견디지 못하고 말을 더듬거렸다. 대성이의 눈에

분노가 이글이글 타올랐다. 그러자 바주라가 분노를 빨아들인 듯 더욱 찬란한 빛을 발산했다.

"내, 내가 죽으면…… 강, 강 박사를 찾을 수 없을 텐데……."

가네샤가 비굴한 표정으로 더듬더듬 말했다. 하지만 대성이는 굳은 표정으로 바주라를 더 세게 움켜쥐었다.

"매스레드, 안 돼!"

"강 박사님을 찾아야 하잖아! 그만둬!"

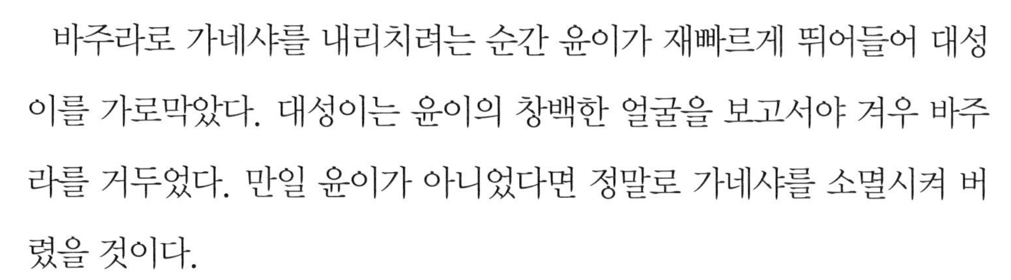

바주라로 가네샤를 내리치려는 순간 윤이가 재빠르게 뛰어들어 대성이를 가로막았다. 대성이는 윤이의 창백한 얼굴을 보고서야 겨우 바주라를 거두었다. 만일 윤이가 아니었다면 정말로 가네샤를 소멸시켜 버렸을 것이다.

'저렇게 차가운 눈을 한 대성이는 처음이야.'

윤이는 처음으로 대성이가 무섭게 느껴져 자기도 모르게 몸을 움츠렸다.

그러는 사이에 미라와 수영이와 안슈미는 가네샤를 밧줄로 꽁꽁 묶어 꼼짝 못하게 했다.

"자, 이제 강 박사님이 어디에 있는지 말해."

매스레인저들이 가네샤를 둘러싸고 서서 매섭게 노려보았다.

"흥! 너희 같은 꼬맹이들이 강한 척해 봐야 소용없어. 시바 신 앞에서는 벌레만도 못할 테니까."

"이 코끼리 머리가 아직 덜 맞았구나?"

미라가 가네샤의 머리를 쿵 소리가 나도록 쥐어박자 다른 아이들도 따라서 한 대씩 쥐어박았다.

"크흑! 아, 알았어. 말하면 될 거 아니야?"

대성이가 주먹을 불끈 쥐고 으름장을 놓자 두려웠는지 가네샤는 긴 코를 축 늘어뜨렸다.

"피라미드 꼭대기에는 '영겁의 구'가 있다. 그건 전 세계에 있는 수학 에너지를 모으기 위해 특별히 고안한 기계인데, 우리의 영원한 지도자이신 시바 신의 힘을 되찾기 위해……."

쿵! 소리와 함께 대성이의 주먹이 가네샤의 머리를 내리쳤다.

"용건만 말해!"

"크흐흐흐……."

아프게 한 대 맞은 가네샤는 눈물을 찔끔거리며 주섬주섬 말을 이어 갔다.

"이 피라미드는 네 개의 층으로 되어 있다. 중앙 통로에 있는 문을 따라가면 삼 층까지 갈 수 있는데, 삼 층에는 가증스러운 수학 박사들이……."

대성이의 주먹이 다시 한 번 쿵 소리를 내자, 가네샤는 비명조차 지르지 못하고 기절해 버렸다.

"거참 쫑알쫑알 말이 많네. 아무튼 삼 층에 강 박사님이 있다는 소리지?"

더 이상 이야기를 들을 필요가 없다고 판단한 대성이가 가네샤를 일부러 기절시킨 것이다.

"대성이 형, 뭔가 좀 이상하지 않아요?"

"뭘, 평소랑 똑같은데!"

수영이와 미라가 의기양양하게 앞장서는 대성이를 보며 한마디씩 했다.

"하긴, 대성이 형은 원래 좀 엉뚱한 구석이 있었으니까. 그런데 윤이 누나의 말이 사실일까요?"

"안슈미 언니 말이야? 심 박사님도 그렇게 말씀하셨고, 믿을 만한 사람이라고 생각하지만……."

그렇게 말은 했지만 마음에 걸리는 것도 사실이었다. 하지만 뒤따라오는 안슈미를 의식한 두 사람은 입을 다물어야 했다.

가네샤를 쓰러뜨린 대성이와 매스레인저들은 3층으로 통하는 계단에서 멈춰 섰다.

"얘들아, 이 층에는 수학 에너지가 분산되어 있어서 피하지 못할 것 같아. 게다가 피라미드 안에서는 도형과 관련된 수학 괴물들이 나올지도 몰라."

잠시 정신을 집중하고 있던 안슈미가 더 이상은 어렵다는 듯 고개를 절레절레 저어 보였다. 숨어서 접근할 수 있었던 1층과는 달리, 2층에는 수학 괴물들이 산재해 있었기 때문이었다.

"하나씩 싸워서 이기면 되죠, 뭐. 도형이라면 자신 있어요."

이렇게 소리치면서 대성이는 빠른 속도로 2층으로 올라갔다.

"우리 리더가 언제 저렇게 공부를 했대? 우리도 분발하지 않으면 안 되겠는데!"

강 박사를 만날 수 있다는 생각에 매스레인저들의 발걸음도 빨라졌다. 2층에서는 1층에서보다 더 다양한 각뿔과 각기둥 모양의 괴물들이 나타났다. 모두 길이와 크기가

제각각이어서 같은 모양을 찾기조차 힘들 정도였다.

"어떡해요, 괴물들의 수가 점점 많아져요."

"그렇다고 강 박사님이 코앞에 있는데 맥없이 질 수는 없지!"

현도와 윤이도 다른 매스레인저들과 힘을 합쳐 수학 괴물들을 물리쳤다. 특히 윤이는 수학 초능력으로 짝이 맞지 않는 수학 괴물들을 멀리 날려 버렸다.

"이제 삼 층인가?"

매스레인저들은 강 박사를 만나기 위해 단숨에 3층으로 뛰어 올라갔다. 그런데 원뿔과 삼각뿔 모양의 수학 괴물이 3층 입구에 떡 하니 버티고 있는 것이 아닌가!

매스레인저들은 순간 주춤하며 멈춰 섰다. 매스레인저들은 자기들보다 두 배 이상 큰 수학 괴물들 때문에 쉽게 움직일 수 없었다.

"비켜, 비켜, 비키란 말이야!"

대성이가 바주라를 휘두르며 순식간에 원뿔과 삼각뿔 모양의 수학 괴물의 허리를 베었다. 그러자 원뿔 괴물은 원 모양으로 갈라지고, 삼각뿔 괴물은 삼각형 모양으로 쪼개지면서 사라졌다.

대성이는 놀란 눈으로 바라보고 서 있는 매스레인저들을 뒤로 하고 3층으로 성큼 올라섰다.

1+2-3×4÷5

3층은 마치 거대한 연구실 같았다. 매스 기지에서 보았던 최첨단 기계들이 한 줄로 빽빽하게 늘어서 있고, 그 앞에서 흰 가운을 입은 수학 박사들이 무언가 계산을 하고 있었다.

"어떻게 그 큰 괴물들을……!"

그들을 감시하고 있던 수학 괴물들이 모두 사라지자 박사들이 믿기 어렵다는 눈빛으로 중얼거렸다.

"너희는 설마……."

콧수염을 기른 박사가 말끝을 흐리며 다가왔다.

"맞아요, 우리는 강 박사님을 구하러 온 매스레인저예요."

"오! 너희가 바로 매스레인저란 말이냐."

박사는 기쁨의 눈물을 흘리며 말했다.

"매스레인저를 아시나요?"

"당연하지. 난 강 박사를 도와 매스레인저를 만드는 데 함께한 한스 스미스 박사라고 한다."

스미스 박사는 미국에서 수학을 연구하던 중에 악신들에게 잡혀 여기까지 끌려왔다고 했다. 여기 있는 다른 박사들도 마찬가지였다.

"너희가 강 박사의 걸작인 매스레인저로구나!"

스미스 박사는 매스레인저 다섯 명을 찬찬히 살펴보았다. 그러자 어린아이들에게서 강력한 수학 에너지와 패기가 느껴졌다.

"우리는 악신의 졸개들에게 붙잡혀 그들의 연구를 도와야 했어. 가족들을 인질로 삼고 협박하는 바람에 어쩔 수 없이 그들의 말을 따를 수밖에 없었지. 얘들아, 지금 강 박사가 위험에 처해 있단다. 부디 강 박사를 구해 다오."

"강 박사님은 어디 계신데요?"

대성이의 다급한 목소리에 스미스 박사는 손가락으로 위쪽를 가리켰다.

"사 층에 '영겁의 구'가 있는데 바로 그곳에 있단다. 바리문 악신들은 강 박사의 목숨을 이용해서 시바 신을 부활시킬 생각이란다."

"빨리 가 보아야겠어요!"

매스레인저들은 황급히 4층을 향해 우르르 달려갔다. 그런데 갑자기 대성이가 멈춰서더니 뒤따라오던 안슈미를 붙잡았다.

"안슈미 누나는 스미스 박사님과 다른 박사님들을 안전한 곳으로 피신시켜 주세요."

"그래, 알았다. 너희도 조심해라."

대성이는 다른 매스레인저들을 따라 위층으로 향했다. 안슈미가 보이지 않자, 윤이는 한시름 놓은 듯 한숨을 길게 내쉬었다.

4층에 도착한 매스레인저들은 그 자리에 우뚝 멈춰야 했다. 피라미드 꼭대기 부분까지 꽉 채우고 있는 영겁의 구 앞에서 낯익은 얼굴을 보았던 것이다.

"너희가 활개 치고 다니는 꼴을 더 이상 봐 줄 수가 없구나."

하누만의 기사인 아처가 매스레인저들을 향해 크게 소리쳤다.

"아처, 이 나쁜 녀석!"

다시 아처의 얼굴을 마주 대하자 대성이의 마음속에서 화가 불덩이처럼 일어났다. 비열하게 함정을 만들어서 강 박사를 납치한 것도 모자라 이제는 강 박사의 목숨을 위협하고 있는 아처를 결코 용서할 수 없었다. 대성이는 이를 악물고 바주라로 아처를 내리쳤다.

"예전보다 많이 성장했구나, 꼬맹이."

간신히 바주라를 피한 아처가 물러서며 뒤에 서 있던 수학 괴물들에게 손가락을 까닥했다.

"흐흐흐, 하지만 인질이 있다면 어떨까?"

또다시 아처를 공격하려던 대성이는 수학 괴물들을 보고 화들짝 놀라 그 자리에 멈춰서야 했다. 비겁하게도 수학 괴물들이 강 박사를 위협하고 있었던 것이다.

"강 박사님!"

대성이는 다급한 목소리로 소리쳤다. 그러자 축 늘어져 있던 강 박사가 고개를 들었다.

강 박사는 대성이를 보고도 자신의 눈을 의심했다. 아이들이 자신을 구하러 올 줄은 꿈에도 생각지 못했기 때문이었다. 그리고 악신의 비밀기지를 찾아낸 매스레인저들이 반갑고 대견해 눈물이 핑 돌았다.

정신을 차린 강 박사는 다급하게 소리쳤다.

"대성아, 나는 상관하지 마라!"

강 박사는 수학 괴물들에게 꼼짝없이 붙들린 채 다시 온 힘을 다하여 외쳤다.

"시바 신의 부활을 막아야 한다!"

대성이는 강 박사를 보자 안타까운 마음에 눈물이 솟구쳤다.

"강 박사님, 조금만 기다리세요. 제가 구해 드릴게요."

그때 아처가 기분 나쁜 웃음을 흘리며 비아냥거렸다.

"낄낄낄, 머리가 나쁜 아이로구나. 아직도 상황 파악이 안 되느냐? 강 박사를 살리고 싶다면 검을 내려놓거라."

대성이는 참을 수 없는 분노에 온몸을 부들부들 떨었다.

"후후후, 어린 게 고집이 세구나. 정말 강 박사가 죽기를 바라는 건 아니겠지?"

대성이는 아처를 노려보며 어쩔 수 없이 바주라를 내려놓았다. 그러자 바주라에서 나오던 빛이 대성이의 몸속으로 서서히 사라졌다.

입체 도형과 각뿔

입체 도형

❶ 구

구는 3차원의 도형으로서, 한 점과의 거리가 같은 점들의 집합이에요. '구'라는 이름은 공이란 뜻의 한자에서 왔지만, 수학에서 구는 속이 비어 있는 '구면'을, 공은 속이 차 있는 '구체'를 가리키는 말이에요. 구는 가로로 자르든, 세로로 자르든, 비스듬히 자르든 원 모양이 나와요. 이것은 다른 입체 도형에서 볼 수 없는 구만의 특징이지요.

❷ 각기둥이란?

아래 그림은 기둥이에요. 그런데 그냥 기둥이 아니고 각이 진 기둥이지요. 그래서 '각기둥'이라고 불러요.

1) 각기둥의 성질

① 위와 아래 있는 면이 합동이에요.

② 위와 아래 있는 면이 평행이어야 해요. 따라서 각기둥에서 서로 합동인 면은 1쌍이에요.

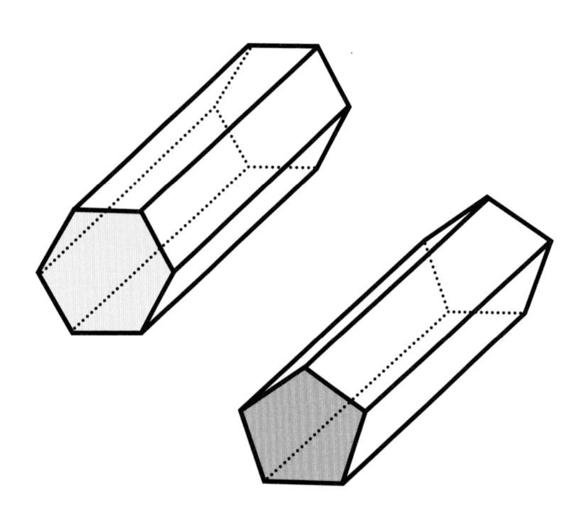

2) 각기둥의 밑면과 옆면

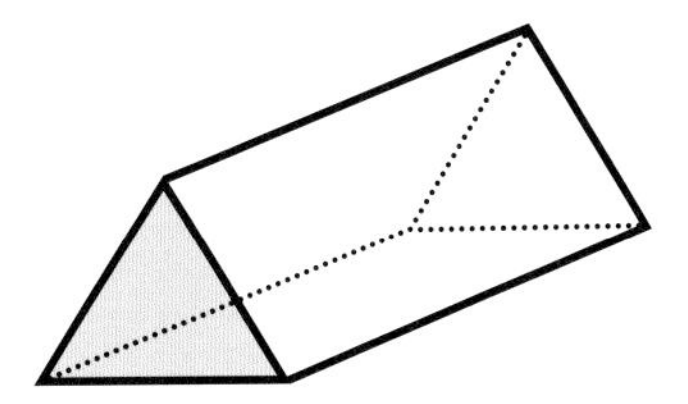

직육면체는 서로 합동인 면이 3쌍이에요. 그래서 어떤 면이든 밑면이 될 수 있어요. 주의할 것은, 밑면은 밑에 오는 면이 아니에요. 서로 합동이며 평행한 면이 밑면이지요.

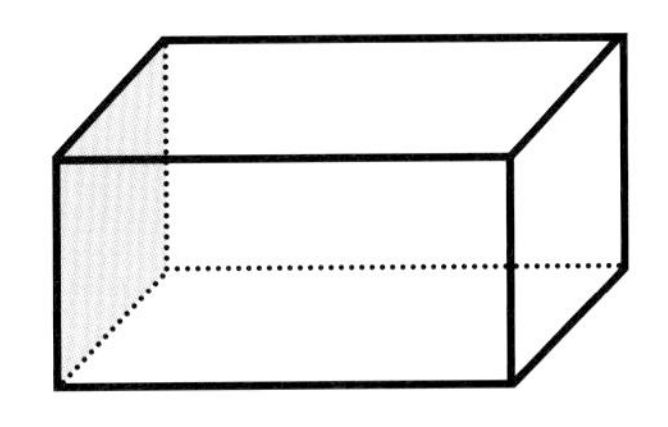

각기둥에는 밑면에 수직인 면들이 있어요. 삼각기둥에는 밑면에 수직인 면이 3개, 육각기둥에는 밑면에 수직인 면이 6개 있어요. 이렇게 밑면에 수직인 면을 '옆면'이라고 해요. 즉, 밑면은 마주 보는 면이 평행인 면, 옆면은 밑면에 수직인 면이에요.

각기둥의 옆면은 모두 직사각형이에요. 따라서 이름을 붙일 때, 밑면의 도형을 보고 이름을 붙여야 해요. 즉, 밑면의 모양이 삼각형이면 삼각기둥, 사각형이면 사각기둥, 오각형이면 오각기둥이라고 해요.

3) 각기둥의 높이

두 밑면 사이의 거리를 높이라고 해요. 각기둥의 높이를 재려면 두 밑면 사이를 연결하는 모서리의 길이를 재야 해요. 어느 각기둥이든지 마찬가지랍니다.

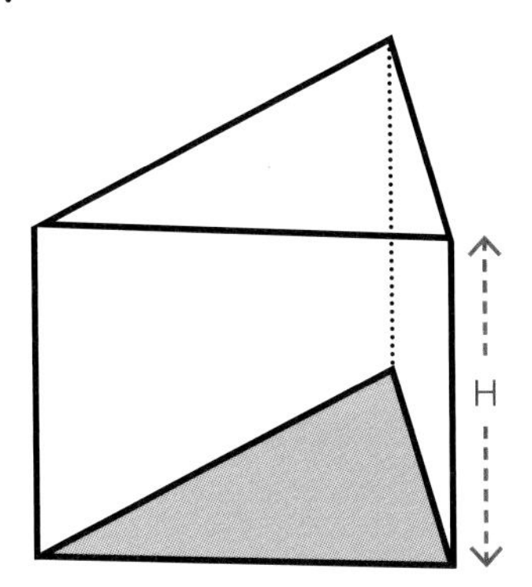

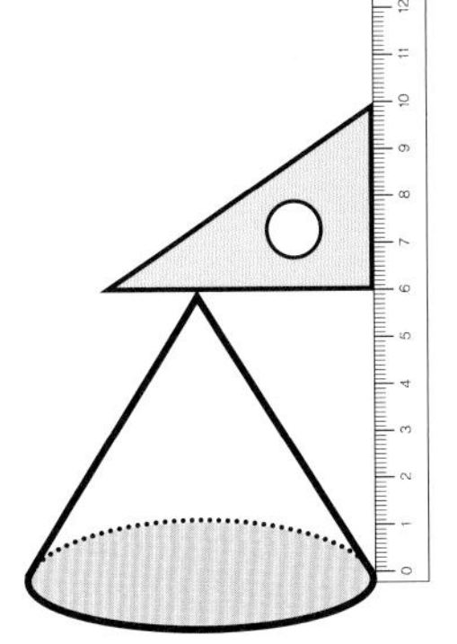

각뿔

❶ 각뿔이란?

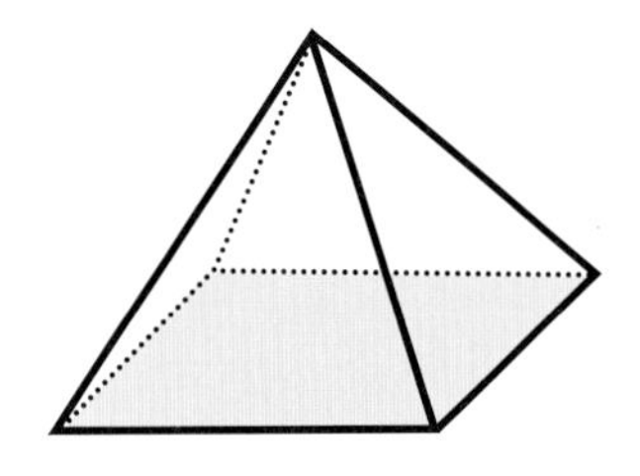

뿔은 도깨비의 뿔처럼 위가 뾰족한 것이에요. 각기둥과 마찬가지로 각뿔도 밑면의 면의 모양에 따라 이름이 바뀌어요. 각뿔에서 다각형인 도형을 찾으면 그 면이 밑면이 되지요. 예를 들어, 피라미드는 밑면이 사각형이므로 사각뿔이에요. 밑면이 삼각형인 뿔은 삼각뿔이라고 한답니다.

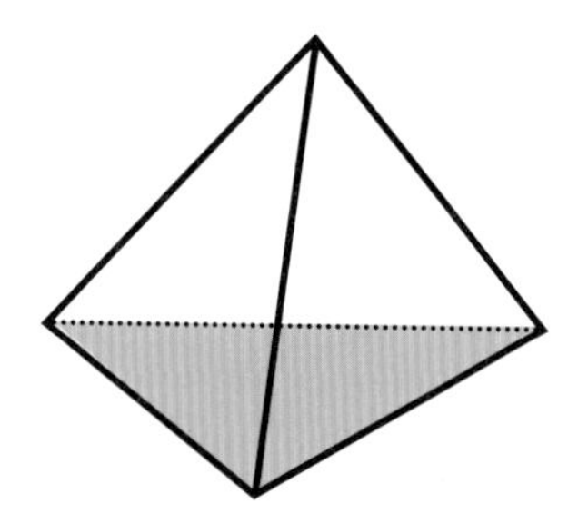

1) 각기둥과 각뿔의 차이점

각뿔에서는 옆을 둘러싸고 있는 옆면이 모두 삼각형이에요. 위가 뾰족하므로 한 쌍의 평행하고 합동인 면은 나오지 않아요.

2) 각뿔의 높이 재기

각뿔의 높이는 맨 위의 꼭짓점과 밑면의 거리를 재야 해요. 모서리에 대고 재는 것이 아니라 우리가 키를 잴 때처럼 각뿔의 키를 재야 하지요.

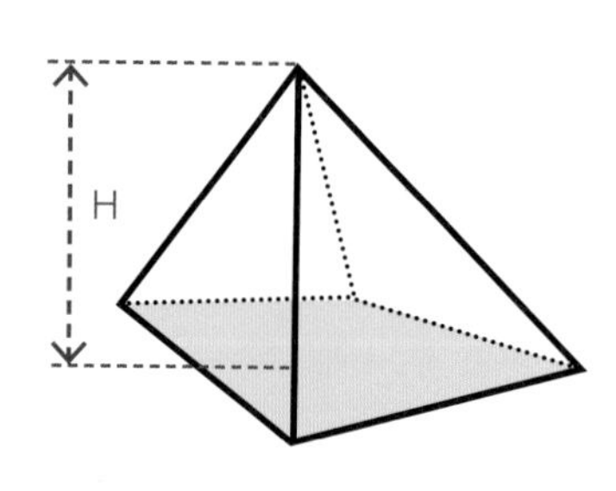

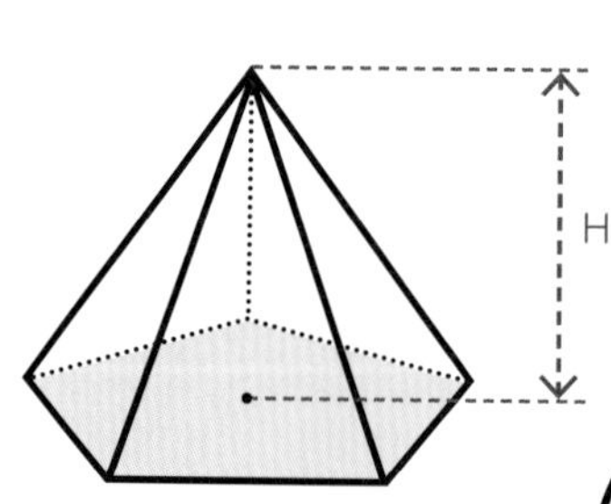

각뿔의 이름은 밑면의 모양에 따라 밑면이 삼각형이면 삼각뿔, 밑면이 사각형이면 사각뿔, 밑면이 오각형이면 오각뿔이라고 해요.

1 오각기둥의 전개도를 그려 보세요.

2 원기둥의 전개도를 그려 보세요.

3 아래 질문에 알맞은 입체 도형을 찾아보세요.

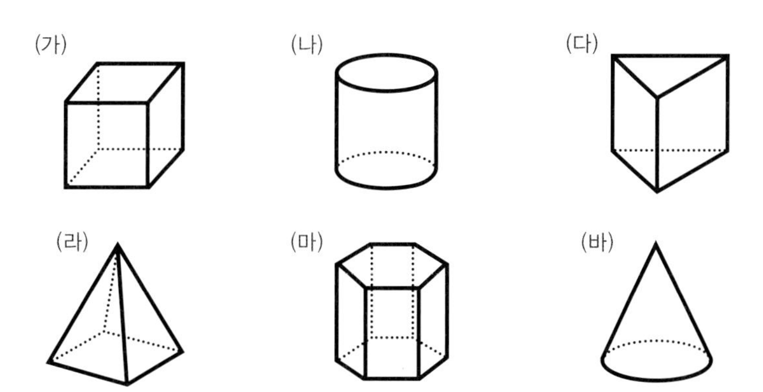

1) 위 그림 중 어떤 면이 밑으로 오더라도 쌓을 수 있는 것은 어떤 것인가요?

2) 위 그림 중 어떤 면이 밑에 오면 쌓을 수 있지만, 어떤 면이 밑에 오면 쌓을 수 없는 것은 어떤 것인가요?

3) 위 그림 중 바닥에 굴렸을 때 가장 잘 굴러 가는 것은 어떤 것인가요?

4) 위 그림 중 다른 도구의 도움 없이는 어떤 방법으로도 쌓을 수 없는 입체는 어떤 것인가요?

⊙ 답은 192쪽에 있습니다.

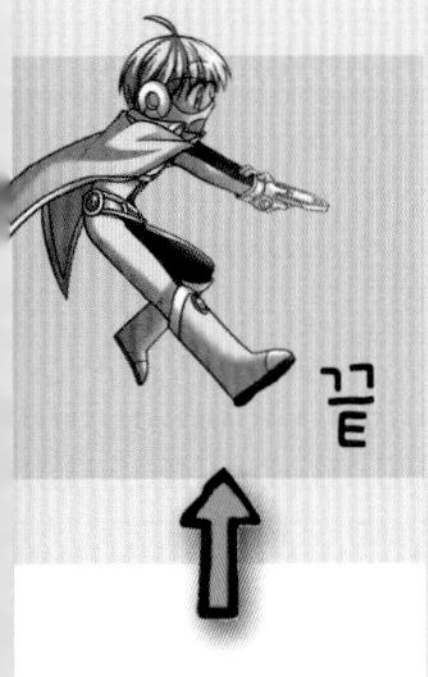

9

매스레인저의 위기

완전 정복 9단계 다면체와 소마큐브(6학년)

소마큐브란?

가장 완벽한 도형은 무엇일까?

정다면체란
무엇일까?

피라미드의
비밀은?

플라톤의
도형이란?

피라미드 4층, 단단한 유리로 이루어진 '영겁의 구'.

정신을 차려 보니 강 박사와 매스레인저들은 영겁의 구, 반을 가로지르는 원 모양의 받침 위에 서 있었다. 만일 그 받침이 없었다면 똑바로 서 있기도 힘들었을 것이다. 영겁의 구 안쪽은 넓은 방 하나 정도의 크기인 데다 유리가 뿌연 색이어서 밖이 보이지 않았다.

"아처, 이 비겁한 녀석!"

아처가 강 박사를 인질로 잡는 바람에 대성이와 다른 매스레인저들은 제대로 싸워 보지도 못한 채 힘없이 붙잡히고 말았다. 대성이는 생각할수록 화가 나 발로 구를 쾅쾅 찼다.

"대성아, 그동안 수학 공부는 열심히 했니? 여기까지 온 걸 보면 입체 도형까지 익힌 모양이구나."

"그렇긴 한데, 갑자기 그건 왜 물으세요?"

대성이는 위험한 상황에서 수학 공부를 이야기하는 강 박사가 조금 이상하다고 생각되어 고개를 갸웃거렸다.

강 박사는 그런 대성이를 보고 빙긋 웃으며 불쑥 질문을 던졌다.

"각 모서리는 다른 네 개의 모서리에 수직이고, 모서리의 길이가 다 같은 것이 아닌 입체 도형은 무엇인지 알고 있니?"

강 박사가 낸 문제는 입체 도형 다음으로 배우는 정다면체에 대한 것이었다.

"모서리의 수가 다르니까 직육면체요."

악신들의 비밀 기지로 오기 전에 미리 공부해 두었던 내용이라 대성이는 강 박사의 질문에 쉽게 대답할 수 있었다.

"그럼, 수직인 모서리가 없고, 여섯 개의 모서리가 있는 입체 도형은 무엇이지?"

"삼각뿔이요! 그렇지만……, 지금 이런 이야기를 하고 있을 때가 아니잖아요?"

태평하게 수학 공부를 시키고 있는 강 박사가 답답하게 느껴진 대성이는 발을 동동 굴렀다. 언제 악신 시바가 부활할지 모르는 상황에서 수학 문제를 묻는 강 박사가 이상하기도 하고, 화가 나기도 했다.

"허허허, 이제야 내가 아는 대성이로 돌아왔구나."

"네?"

"수학 공부를 할 때, 얼굴을 잔뜩 찌푸리고 생각하는 사람이 바로 내가 아는 대성이지!"

대성이는 껄껄 웃고 있는 강 박사 앞에서 뭐라고 대답해야 할지 무척 난감했다.

"이런 상황에서 어떻게 그렇게 침착할 수 있어요? 강 박사님, 혹시 악신들이 강 박사님에게 나쁜 짓을 한 건 아니지요? 그래서 머리가 좀 이상해졌다거나……."

대성이가 집게손가락을 머리에 대고 빙글빙글 돌리자 강 박사는 더 큰 소리로 웃음을 터뜨렸다.

"대성아, 위급할수록 침착하게 하나하나 천천히 생각해야 한다는 걸 잊었느냐?"

12345

강 박사는 평소처럼 부드럽게 대성이의 머리를 쓰다듬었다. 그제야 대성이는 새삼 강 박사가 곁에 있다는 실감이 났다.

"강 박사님!"

그제야 다른 매스레인저들도 강 박사를 부르며 달려가 안겼다. 강 박사는 한꺼번에 몰려든 아이들의 머리를 하나하나 쓰다듬어 주었다.

"그래그래, 모두 고생이 많았다. 날 구하기 위해 먼 곳까지 와 줘서 정말 고맙구나."

강 박사가 곁에 있다는 기쁨에 아이들은 울음을 터뜨렸다.

"강 박사님, 다친 데는 없으세요?"

수영이가 울먹이며 말하자, 강 박사는 괜찮다는 듯이 빙그레 미소를 지었다.

"그래, 나는 괜찮으니 걱정 마라."

강 박사는 일부러 팔뚝을 내보이며 건강한 척했다. 그 모습이 우스워 아이들은 눈물을 훔치면서 배시시 웃었다.

"한 가지 걱정이라면 악신 시바를 부활시키기 위한 기계가 완성되었다는 거야. 하누만은 다른 박사들의 목숨을 담보로 나에게 그 일을 돕게 했다. 우리가 들어와 있는 이 기계가 바로 수학 에너지를 만들어 내는 기계, '영겁의 구'란다."

강 박사가 고통스러운 듯 얼굴을 일그러뜨리자, 아이들도 덩달아 침울해졌다. 영겁의 구로 수학 에너지를 모았다면 지금 당장이라도 악신 시바가 깨어날지도 모르는 것이다.

"악신 시바가 깨어나면 이 세상은 어떻게 될까요?"

"우리 모두 바리문 악신들의 노예가 되는 게 아닐까?"

"그건 너무 끔찍하잖아요. 설마 그렇게 되겠어요?"

수영이가 말도 안 된다는 듯 머리를 저었다.

"아니다, 충분히 가능성 있는 일이야."

강 박사의 말에 아이들은 두려움에 몸을 떨었다.

"바리문 악신들은 자기들의 힘의 원천이라고 믿는 수학 에너지를 인간들과 공유하길 원치 않는다. 그러니 스미스 박사와 나에게 했던 것처럼 인간들의 지식을 이용해서 나쁜 짓을 저지르고, 결국에는 인간을 모두 노예로 삼게 될 거야."

"그, 그럴 수가!"

생각만 해도 무서운 일이어서 아이들의 얼굴에 어두운 그늘이 드리

워졌다.

"하지만 얘들아, 우리가 미래를 걱정하고만 있어서는 안 된다. 나는 힘이 없어 바리문 악신들에게 저항할 수 없었지만, 너희에게는 매스레인저의 힘이 있지 않느냐?"

"힘……!"

강 박사의 말에 매스레인저들은 자신의 손을 내려다보았다. 그렇다, 강한 수학 에너지는 분명 매스레인저만이 가지고 있는 힘이었다.

"자, 매스레인저들의 힘을 이용해서 이곳에서 빠져나가자!"

"알겠어요, 강 박사님!"

위기의 순간이었지만, 강 박사가 함께 있어서 마음의 위안이 되었다.

"모두 함께 힘을 합쳐 보자."

이렇게 말한 것은 현도였다.

"아라크도 소환할 수 없는데 힘을 합쳐서 뭘 어떻게 하겠다고! 차

라리 내 힘으로 영겁의 구인지 엉겅퀴의 구인지를 부숴 버리는 쪽이 빠를 것 같은데!"

대성이는 코웃음을 치며 현도의 말을 못 들은 척했다. 다른 매스레인저들이 자기의 능력을 따라올 수 없다는 자만심에 빠져 있었기 때문이었다.

"그러지 말고 백지장도 맞들면 낫다는데 한번 해보자, 대성아."

어색한 분위기를 몰아내려는 듯 미라가 대성이를 달랬다. 그러자 수영이도 재빨리 한마디 거들었다.

"그래요, 대성이 형! 우리 모두 힘을 모아 봐요."

비로소 의견을 모은 매스레인저들은 강 박사를 중심으로 둥글게 원을 만들었다. 그런데 하필 윤이와 현도가 대성이를 사이에 두고 양쪽에 선 것이었다.

"자, 모두 각자의 수학 에너지를 한데 모아 보자!"

미라의 말에 둥글게 선 매스레인저들은 서로의 손을 맞잡았다. 대성이는 내키지 않는 듯 건성으로 윤이와 현도의 손을 잡는 시늉을 했다.

매스레인저들은 눈을 감고 자신의 몸에 흐르는 수학 에너지를 느끼려고 노력했다. 그러자 지금까지 배웠던 수학 요소들이 머릿속을 뱅글뱅글 맴돌기 시작했다. 맨 처음에 배웠던 덧셈과 뺄셈, 그리고 나눗셈과 곱셈의 힘이 맴돌면서 몸속에서 수학 에너지가 강해지는 것이 느껴졌다.

또 인도로 오면서 배웠던 점, 선, 면 등과 도형, 입체 도형 등이 머릿속에서 소용돌이치면서 매스레인저들의 몸에서 찬란한 빛이 쏟아져 나오기 시작했다.

특히 바주라를 가지고 있는 대성이와 수학 초능력자인 윤이의 힘이 더욱 강력하게 분출되고 있었다. 수학 에너지가 한데로 모아질수록 매스레인저들의 힘이 우주에 가깝다고 하는 정이십면체의 형태를 만들어 갔다.

1+2-3×4÷5

'역시 윤이의 힘은 굉장해.'

대성이는 오른손에서 흘러 들어오는 윤이의 수학 에너지를 느끼고 자기도 모르게 감탄했다. 그때 현도와 윤이가 서로를 바라보고 수줍게 웃는 모습이 머릿속에 떠올랐다. 그러자 여러 가지 감정이 밀려들며 평온하던 마음이 흔들리기 시작했다.

'나는…….'

현도에 대한 묘한 질투심과 히시야스 산에서 느꼈던 배신감이 머릿속을 헤집고 다녔다. 또 현도를 철석같이 믿고 있는 윤이도 몹시 실망스러웠다.

그리스의 철학자 플라톤

플라톤은 모든 사람에게 가장 공통적인 것이 참되고 순수한 정신이라고 했어요. 이것이 최고의 지혜이며, 사람들을 가장 훌륭하게 만들 수 있는 가장 좋은 방법이라고 생각했지요. 그리고 최고의 지혜에 도달하는 방법은 기하학이라고 보았어요. 왜냐하면 기하학은 정확하고 명료하다고 생각했기 때문입니다.

플라톤의 도형

정사면체, 정육면체, 정팔면체, 정십이면체, 정이십면체, 이 5가지를 플라톤의 도형이라고 불러요. 5가지 정다면체를 이루고 있는 가장 기본적인 요소인 물, 불, 흙, 공기, 마지막으로 우주 전체와 비교했기 때문이에요.

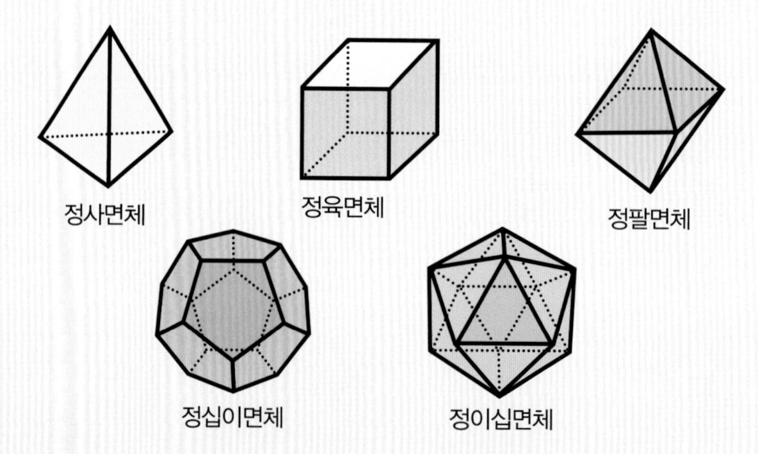

정다면체는 각각의 면이 모두 정다각형이고 각 꼭짓점에 모이는 면과 모서리의 개수가 같은 입체예요.

가장 완벽한 도형, 정이십면체

정이십면체는 정삼각형 20개가 모여야 만들어져요. 플라톤은 정이십면체를 가장 완벽한 도형이라고 여겼어요. 그래서 우주 전체라고 생각했지요.

'나는 두 사람을 절대로 용서할 수 없어……!'

대성이의 마음속에서 미움이 커지자, 정이십면체가 일순간에 찌그러졌다. 부정적인 마음이 수학 에너지의 균형을 무너뜨린 것이었다.

"앗!"

매스레인저들은 심한 반동으로 튕겨 나가 영겁의 구 벽면에 사정없이 부딪히고 말았다.

"으윽, 다시 한 번 시도하자!"

현도가 아픈 머리를 붙잡고 비틀거리며 일어섰다. 비록 실패했지만 좀 더 집중해서 힘을 모으면 이곳에서 빠져나갈 수 있을 것 같았다.

"얘들아, 이번에는 반드시 성공해서 밖으로 나가자!"

강 박사의 격려에 매스레인저들은 고개를 끄덕이며 마음을 굳게 다졌다.

"후후후, 꿈도 야무지구나. 내가 그렇게 내버

려 둘 것 같으냐?"

"이 목소리는……."

어디선가 들려오는 아처의 목소리였다.

"아처 이 녀석, 어디에 있는 거야?"

대성이가 주먹을 움켜쥐고 주변을 돌아보았다. 하지만 어디에도 아처의 모습은 보이지 않았다.

"그 안에서 찾아봐야 소용없다. 난 영겁의 구 밖에 있으니까 말이다."

"쥐새끼처럼 숨어서 엿보고 있는 거냐? 당장 나와라, 정정당당하게 상대해 주마!"

대성이가 으름장을 놓았지만, 아처는 냉랭한 웃음소리를 흘릴 뿐 조금도 흔들리지 않는 것 같았다.

"내가 굳이 머리 나쁜 너를 상대하고 있을 필요가 없지. 난 밖에서 너희에게 필요한 수학 에너지를 모을 생각이니까."

"뭐라고? 그게 무슨 소리야?"

"너희가 그 안에서 아무리 애써 봐야 시바 신의 부활을 막지 못할 거라는 소리다. 시바 신이 깨어나면, 나의 주인이신 하누만 님이 시바 신의 오른편에 서게 될 것이다."

"그 코끼리 머리 말고, 다른 녀석이 또 있단 말인가?"

"어떻게 하죠, 강 박사님?"

강 박사는 난처한 듯 턱을 쓰다듬었다.

"그래도 우리가 지금 할 수 있는 일은 매스레인저의 힘을 모으는 것이다."

"하지만 우리가 힘을 쓰면 수학 에너지를 모아서 시바 신을 부활시킬 거 아녜요?"

"그래도 일단 힘을 모으는 수밖에 없어. 그렇지 않으면 우리는 영원히 밖으로 나갈 수 없을 거다."

강 박사의 말이 맞는 것 같다는 생각이 들었다. 매스레인저들이 가만히 있어도 영겁의 구는 매스레인저의 수학 에너지를 빼앗아갈 것이다. 그렇게 되면 시바 신이 부활할 것이다.

"하지만 너희가 일시적으로 큰 힘을 만들어 내면 영겁의 구는 증폭된 수학 에너지를 이기지 못하고 깨지게 될 거다. 그때가 기회야!"

강 박사의 말대로 빠져나갈 수 있는 방법이 그것뿐인 것 같았다. 매스레인저들은 다시 자기 자리로 돌아와 손을 마주 잡았다.

'윤이와 현도에 대해서 생각하지 말자.'

대성이는 주문을 외는 듯 마음속으로 중얼거렸다.

마음을 다잡고 정신을 집중하는데 영겁의 구에 닿아 있는 발바닥에서 찌릿 하고 전기가 몸을 타고 올라왔다. 처음에는 가벼운 느낌이어서 대수롭게 생각하지 않았다. 그러나 시간이 지날수록 아픔이 심해지는

가 싶더니 온몸을 죄어드는 고통이 몰려왔다.

"으아아아아!"

매스레인저들은 손을 맞잡은 채 일제히 비명을 내질렀다. 대성이뿐만 아니라 모두 이를 악물고 살이 찢기는 고통을 참아내고 있었다. 결국 막내 수영이가 괴로운 신음 소리와 함께 주저앉아 버리고 말았다. 둥근 원이 무너지자, 윤이가 날카로운 비명을 지르며 몸을 비틀었다.

"아아악!"

그동안 남다른 수학 초능력 때문에 다른 아이들보다 더욱 큰 고통을 견뎌 내고 있었던 것이다. 윤이는 몸에서 수학 에너지가 한꺼번에 빠져나가는 듯한 통증에 몸서리를 쳤다. 그 모습이 너무 괴로워 보여 옆에서 지켜보기가 마음이 아플 정도였다.

"윤이야!"

대성이와 현도가 동시에 손을 내밀었지만, 윤이에게 닿기도 전에 날카로운 통증이 몰려와 둘은 몸을 웅크리고 말았다.

"내가 가만히 있지 않을 거라고 했지?"

아처의 목소리가 영겁의 구 안으로 울려 퍼졌다.

"나는 너희에게서 짜낸 수학 에너지를 이용해서 악신 시바 님을 부활시킬 것이다. 그나저나 저 계집애는 정말 굉장한 수학 에너지를 가지고 있구나!"

아아악!
크그그그

"아아아악!"

또다시 윤이가 비명을 지르자 매스레인저들이 윤이에게 달려갔다. 윤이는 숨을 헐떡이며 눈물을 흘리고 있었다.

"아처, 이 녀석! 그만 두지 못해?"

"흥, 네가 뭘 할 수 있지?"

"당장 그만 둬. 윤이를 괴롭히지 말란 말이야!"

대성이가 주먹을 불끈 쥐고 사정없이 벽을 내리쳤다. 하지만 벽이 깨지기는커녕 벽면에 손이 닿는 순간 전기에 감전된 듯 날카로운 통증이 몸을 뚫고 지나가는 것 같았다.

"으아악!"

대성이는 참을 수 없는 고통에 자기도 모르게 소리를 질렀다. 그리고 몸부림칠 때마다 영겁의 구의 빛이 백열전구처럼 점점 밝아졌다.

"흐흐흐, 수학 에너지가 이렇게 많을 것이라고 생각지 못했는데, 기대 이상인걸! 역시 무리해서 강 박사를 납치해 오길 잘했군. 이렇게 쉽게 너희의 수학 에너지를 빼앗을 수 있게 되었으니까 말이야."

"뭐? 그렇다면 매스레인저들을 끌어들이기 위해서 날 이용했단 말이냐?"

강 박사는 아처의 말에 깜짝 놀라 물었다.

"물론이지 강 박사. 영겁의 구를 만드는 데 자네의 능력도 상당히 도움이 되었어. 하지만 진정한 목적은 어디까지나 매스레인저에게 있지. 매스레인저들이 가진 강력한 수학 에너지가 시바 신을 부활시키는 데 결정적인 역할을 할 거니까 말이야."

강 박사는 자기 때문에 매스레인저들을 위험에 빠뜨렸다는 사실을 알고 괴로워했다.

"자, 너희는 시바 신을 위한 희생양이 되어라."

아처의 말이 끝나자 매스레인저들은 바닥을 뒹굴며 괴로워했다. 모두들 온몸의 피를 쥐어짜는 듯한 고통에 몸부림쳤다.

1+2-3×4÷5

윤이는 바닥에 쓰러져 숨을 제대로 쉬지 못했다. 이 고통이 영원히 끝나지 않을 것만 같았다.

"대, 대성아……."

윤이가 안간힘을 다해 대성이에게 손을 뻗었다. 대성이도 젖 먹던 힘을 다해 손을 내밀었지만, 결국 닿지 못하고 말았다. 두 사람의 손이 닿을 듯하던 순간 윤이의 손이 힘없이 떨어졌기 때문이었다.

"윤이야, 정신 차려!"

대성이는 몸을 웅크린 윤이를 보고 소리쳤다. 자신의 고통보다 아픔

을 견뎌내고 있는 윤이를 지켜보는 것이 더 괴로웠다. 참을 수 없는 분노가 가슴 깊은 곳에서 치밀어 올랐다.

강 박사를 이용해서 매스레인저를 유인한 아처가 미웠다. 윤이와 친구들에게 견딜 수 없는 시련을 준 아처를 용서할 수 없었다.

대성이는 두 주먹을 불끈 쥐었다. 심장이 쿵쾅쿵쾅 뛰어 터질 것만 같았다.

'감히 윤이를……!'

코브라에게 물려 죽음의 문턱에서 겨우 살아났는데, 그런 윤이에게 견디기 힘든 고통을 가하다니 결코 참을 수 없었다. 이 순간만큼은 윤이와 현도에 대한 서운한 마음 같은 건 조금도 남아 있지 않았다. 그저 윤이를 지키고 싶다는 마음뿐이었다.

"용서 못해!"

대성이는 영겁의 구가 울리도록 소리치면서 오른손을 뻗었다. 그러자 오른손 위에 강렬한 빛이 번쩍 하면서 검 모양의 바주라가 나타났다. 대성이는 바주라를 양손으로 힘주어 움켜쥐었다. 내장이 끊어질 듯한 통증이 몸을 파고 들어왔지만 조금도 흔들림이 없었다.

"어, 어떻게……."

영겁의 구 밖에서 지켜보고 있던 아처가 깜짝 놀라 입을 쩍 벌렸다. 강력한 수학 초능력을 지닌 윤이조차 몸을 움직이지 못할 정도로 강한 압력을 가했는데 대성이가 그것을 이겨 내고 일어섰던 것이다.

"저 녀석이 가지고 있는 수학 에너지는 차원이 다르단 말인가……!"

아처는 놀라운 눈빛으로 대성이가 바주라를 치켜드는 것을 보았다. 머릿속에서 막아야 한다는 생각이 들었지만, 발이 움직이지 않았다. 그때 영겁의 구가 매스레인저들에게서 빨아들인 수학 에너지로 빛을 발하기 시작했다.

"이제 조금만 더……. 조금만 더 버티면 시바 신을 부활시킬 수 있다."

아처가 중얼거리며 초초한 듯 마른침을 삼켰다. 순간 대성이가 위에서 아래로 바주라를 내리쳤다. 꿈인지 현실인지 믿을 수 없을 만큼 순식간에 일어난 강력하고 빠른 공격이었다.

챙그랑!

귀청이 떨어질 듯한 소리와 함께 영겁의 구가 반으로 갈라졌다. 그때서야 매스레인저들의 고통도 멈추었다. 매스레인저들이 비틀거리며 몸을 일으키는 사이 대성이는 바주라를 들고 곧장 아처에게 달려갔다.

"윤이를 괴롭힌 널 용서하지 않겠어!"

대성이가 붕 날아오르자 아처도 재빨리 무기를 꺼내 들고 방어 자세를 취했다. 바주라가 섬광을 흩뿌리며 아처의 무기와 부딪혔다.

채앵!

아처는 가까스로 바주라를 막아 내고 대성이를 노려보았다. 영겁의 구에서 나오기 위해 많은 수학 에너지를 빼앗겼을 텐데 힘든 기색이 전혀 없는 것이 놀라웠다.

'이 꼬마는 어떻게 이렇게 힘이 넘치는 거지?'

아처는 거친 공격을 힘겹게 막아 내며 대성이의 넘치는 수학 에너지에 감탄했다.

만일 영겁의 구가 조금만 더 버터 냈더라면 시바 신을 부활시킬만한 충분한 에너지를 손에 넣었을 것이다. 아처는 입술을 깨물며 원통해했지만 지금은 실망하고 있을 때가 아니었다.

"누가 시바 신을 부활시키게 놔둘 줄 알고?"

대성이가 맹렬한 기세로 공격했다.

아처는 자유로워진 매스레인저들을 보면서 생각을 굴렸다.

'수학 에너지는 다시 모으면 돼. 그 전에 이 꼬마 녀석을……!'

그때 바주라가 우악스럽게 아처의 머리를 향해 다가왔다. 만일 아처가 고개를 젖히지 않았다면 한 방에 큰 타격을 입었을 것이다.

'나를 죽일 각오로 달려들고 있군!'

실제로 대성이는 윤이가 고통에 몸부림치는 모습을 본 순간 분노가 폭발하고 말았다. 아처를 소멸시켜서라도 응징하고 싶었다. 그리고 대성이에게는 그럴 수 있는 힘이 있었다.

캉! 날카로운 금속음과 함께 아처가 바닥에 엉덩방아를 찧었다. 대성이는 바주라를 치켜들고 씩씩거리며 거칠게 숨을 몰아쉬었다. 눈동자에서 분노의 불꽃이 이글이글 타올랐다.

"감히 윤이에게 그런 짓을 하다니, 용서하지 않겠다."

바주라에서 찬란한 빛이 뿜어져 나왔다. 대성이의 수학 에너지가 바

주라에 실리자, 가네샤를 공격했 때보다 더 강한 빛을 내뿜었다. 대성이는 망설임 없이 아처를 내리쳤다. 그런데 바주라가 아처의 머리에 닿기 직전 누군가 대성이의 팔을 붙들었다.

"대성아!"

"윤이, 너……."

윤이가 비틀거리며 달려와 대성이를 붙잡은 것이다.

"죽이면 안 돼……!"

"하지만 이 녀석은 너도, 강 박사님도, 그리고 친구들도 죽이려고 했어. 악신의 비열한 졸개란 말이야. 지금 없애지 않으면 또 그런 일을 저지를 거야."

"그래, 내가 살아 있으면 너희를 이용해서 반드시 시바 신을 부활시킬 것이다."

두 사람을 지켜보고 있던 아처가 비아냥거리며 말했다. 대성이의 팔에 다시 힘이 들어갔다.

"그래도 안 돼!"

윤이는 위험한 줄 알면서 붙잡은 팔을 놓지 않았다.

"방해된다고 이용하거나 죽이면 악신과 똑같아지는 거야."

"……!"

"시바 신은 부활하지 않았어. 우리가 이곳의 기계들을 파괴하면 절대 부활할 수 없을 거야."

그 말을 듣고서야 정신이 든 대성이는 바주라를 내려놓았다. 그러자 바주라의 빛이 점점 사그라졌다.

"알겠어, 네 말대로 할게. 이 피라미드를 무너뜨리면 되겠지?"

"응!"

그제야 윤이는 대성이의 팔을 놓으며 미소를 지었다. 영겁의 구 안에 있는 동안 많은 수학 에너지를 빼앗긴 탓에 얼굴이 몹시 초췌해 보였다.

마음이 진정되자, 대성이는 다른 매스레인저들과 강 박사를 돌아보며 말했다.

"시바 신의 부활을 막기 위해 우선 피라미드를 파괴해야겠어요."

강 박사와 다른 매스레인저들도 같은 생각이라는 표시로 고개를 끄덕여 보였다.

"쳇!"

그들을 지켜보고 있던 아처는 분한 듯 혀를 찼다.

"가만히 앉아서 피라미드가 무너지는 것이나 구경하라고!"

대성이는 아처가 움직이지 못하도록 밧줄로 꽁꽁 묶었다.

"우리가 피라미드를 부수면 알리미와 연락이 될 거예요."

미라가 희망에 찬 목소리로 말했다.

"그럼, 강 박사님과 함께 무사히 돌아갈 수 있겠네요?"

1+2-3×4÷5

수영이가 만세를 부르며 폴짝폴짝 뛰어오르는데, 바닥이 약하게 움직이는 것 같았다.

"이상하네? 발밑이 움직인 것 같지 않아?"

매스레인저들이 고개를 갸웃하며 걸음을 멈추자, 갑자기 피라미드가 흔들리기 시작했다.

"뭐, 뭐지? 지진인가?"

그 순간 매스레인저들의 얼굴에 어둡고 불길한 기운이 감돌았다.

찌지지지직!

피라미드가 좌우로 크게 흔들리더니 바닥에 길게 금이 생겼다. 매스레인저들이 휘청거리며 중심을 잡으려고 애쓰는데 바닥이 쩌억 하는 소리를 내면서 갈라지기 시작했다. 그러자 먼지와 돌 부스러기가 머리 위로 우수수 떨어져 내렸다. 금방이라도 피라미드가 무너질 것 같았다.

"얘들아, 위험해. 빨리 아래로 내려가자!"

대성이의 외침과 동시에 매스레인저들이 전속력으로 달리기 시작했다. 흔들리는 피라미드 바닥은 마치 날름거리는 뱀의 혓바닥처럼 갈라지면서 매스레인저들을 삼키려 했다.

겨우 1층으로 내려왔을 때 피라미드는 반으로 갈라져 두 동강이 나 있었다. 땅이 갈라지고 바위가 솟아올라 피라미드 밖으로 나가기 쉽지 않을 것 같았다.

"무슨 일이 일어나려나 봐?"

자연적으로 생긴 지진이 아니라 뭔가 원인이 있는 것 같았다. 대성이와 매스레인저들은 아직 무너지지 않은 길을 통해 밖으로 나가려고 주위를 살폈다. 그런데 처음에 들어왔던 문 쪽에서 길게 늘어선 검은 그림자가 보였다. 그림자의 주인은 다름 아닌 원숭이의 얼굴을 한 악신이었다.

"너는……, 하누만?"

강 박사는 이곳에 잡혀 들어왔을 때 아처의 주인인 하누만을 보았던 기억을 떠올렸다. 힘만 센 코끼리 머리를 한 가네샤와는 달리 매우 영악해 보이는 악신이었다. 그런데 자세히 보니 발치에 가네샤가 쓰러져 있었다.

"설마 자신의 동료를 죽인 건가?"

"동료? 웃기지 마."

강 박사의 질문에 하누만이 교활한 웃음을 터뜨렸다.

"나와 가네샤는 시바 신의 철저한 종이다. 시바 신의 부활을 위해서라면 자신의 몸쯤은 가볍게 불사를 수 있다."

"뭐?"

"가네샤의 몸에 흐르는 수학 에너지가 시바 신께서 깊은 잠에서 깨어날 밑거름이 될 것이다. 가네샤는 지옥에서도 내게 감사하게 될걸? 으하하하!"

애써 지우려 했던 불길한 느낌이 수면 위로 떠올라 서서히 현실로 다가오고 있었다.

1+2-3×4÷5

하누만의 소름끼치는 웃음소리와 함께 갈라진 땅바닥 사이에서 거대한 석상이 천천히 떠오르고 있었다.

"저게 뭐지?"

시바 신의 모습은 상상 이상으로 소름끼치는 모습이었다. 몸에는 10개나 된 팔이 붙어 있고, 이마 한가운데에 눈이 하나 더 있었다. 매스레인저들은 시바 신을 보고 너무 놀라 그 자리에 얼어붙은 듯 꼼짝하지 못했다.

그때 시바 신이 감겨 있던 세 개의 눈을 번쩍 떴다. 사악한 수학 에너지가 시바 신의 주위에 어둠의 장막을 펼치듯 드리워졌다.

"설마 저건……."

두둥!
그래, 저분이 바로
위대한 파괴의 신,
시바 님이시다!

매스레인저들과 강 박사는 너무 놀라 말을 잇지 못했다. 반면 하누만은 기쁨에 겨워 눈물이 나도록 웃고 있었다.

"그래, 저분이 바로 위대한 파괴의 신, 시바 님이시다!"

마침내 악신의 우두머리, 파괴의 신이라 불리는 시바가 지하 세계에서 세상으로 모습을 드러내고 만 것이었다.

정다면체와 소마큐브

 정다면체

정다면체의 공통점은 각각의 면이 모두 정다각형이고, 각 꼭짓점에 보이는 면과 모서리의 개수가 같은 입체예요.
우선 정사면체를 보세요. 정사면체는 정삼각형 4개가 모여서 이루어진 도형이에요. 겉보기에는 가장 날렵하고 날카로워 보이지요. 정육면체는 한 면이 정사각형으로 이루어져 있어요. 정사각형 6개가 만나 이루어진 도형으로, 매우 안정적으로 보여요. 정팔면체는 8개의 정삼각형으로 이루어진 도형으로, 보석 모양과 비슷합니다. 정십이면체는 12개의 정오각형으로 이루어져 있어요. 정이십면체는 정삼각형 20개가 모여야만 만들어진답니다.

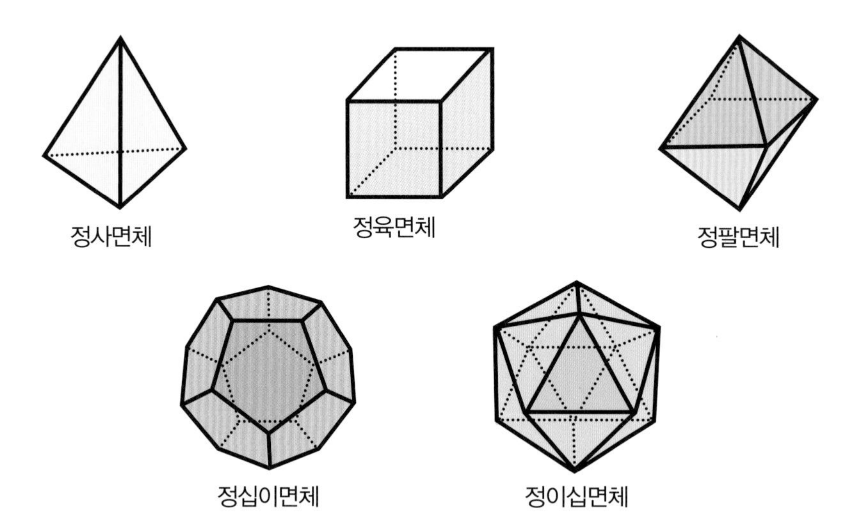

 피라미드의 비밀

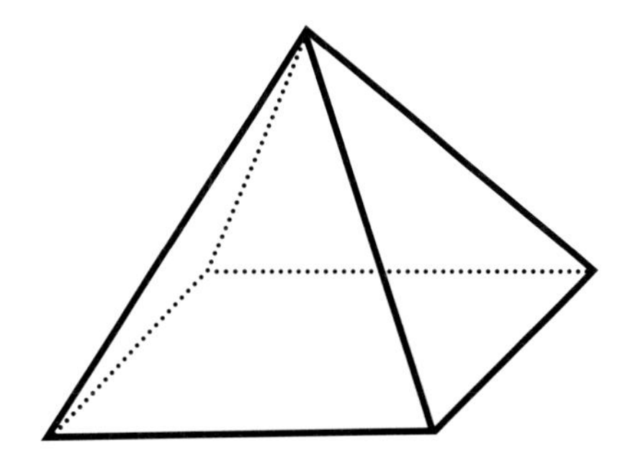

피라미드는 기원전 2500년 전의 작품이지만, 매우 앞선 기하학 지식으로 만들어졌어요.

고대 이집트 인들은 수레를 굴려서 수레가 몇 바퀴 돌았는지 보고 길이를 구했을 것이라고 보고 있어요. 이집트 인들이 만든 피라미드를 보면 이 사실을 알 수 있지요.

쿠푸 왕의 피라미드는 한 변이 232.8미터인 정사각형이 밑변이고, 밑변에서 수직으로 올린 높이는 146미터예요. 그런데 이 변과 높이의 반의 길이의 비율이 원주율인 3.14에 아주 근접하게 나와요. 이것으로 보아 우리는 이집트 인들이 원주율을 알고 있었을 것이라고 추측할 수 있어요.

 피라미드는 왜 무너지지 않을까요?

수 천년이라는 오랜 세월 동안 피라미드가 무너지지 않고 잘 버텨 온 것은 피라미드의 각도 때문이에요. 피라미드의 꼭짓점에서 밑면의 중심까지 마치 케이크를 자르듯이 수직으로 똑바로 자르면, 그 잘려 나간 면의 모양은 이등변 삼각형이 되지요. 그리고 이등변 삼각형의 밑각은 거의 51도예요. 51도는 자연 상태에서 가장 견고하게 지탱할 수 있는 경사각이에요. 여러분은 친구들과 놀면서 모래쌓기 놀이를 해 본 적이 있나요? 모래를 쌓을 때 마른 모래를 바닥에 솔솔 뿌려서 산을 만들면 각도가 51도가 나온답니다.

소마큐브

소마큐브는 각각 3개 또는 4개의 정육면체들로 구성된 7개의 조각으로 되어진 3차원 상의 입체 퍼즐이에요. 7개의 조각들로 수천 종류의 기하학적인 모양들을 만들 수 있지요.

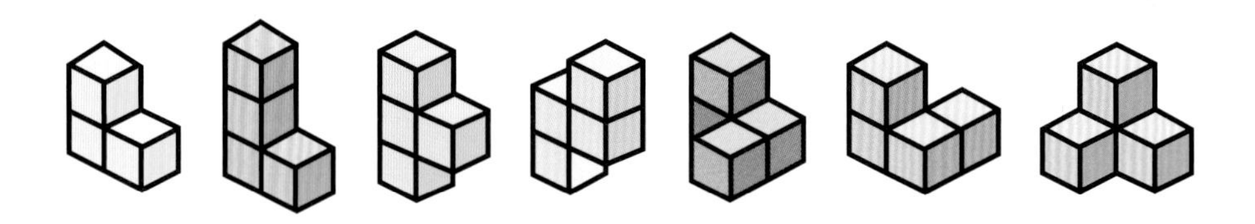

크기가 모두 같고 면이 서로 접하는 4개 이하의 정육면체를 조합하여 만들 수 있는 서로 다른 입체 도형은 모두 아래와 같아요.

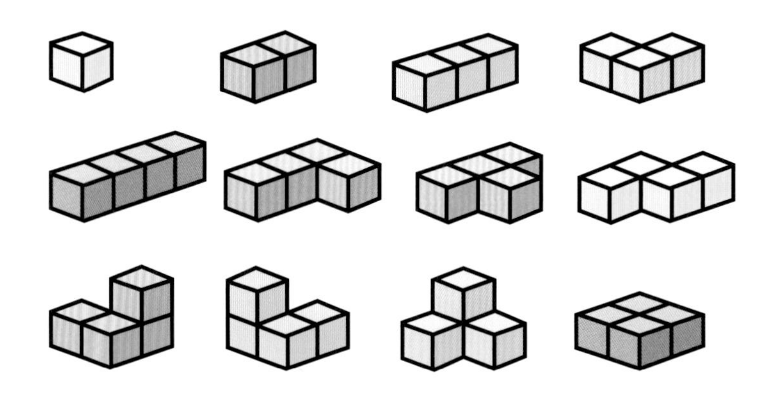

이들 중 소마큐브를 이루는 7개의 소마 조각은 3개의 정육면체로 만들어진 2차원의 소마 조각 과 다음과 같이 4개의 정육면체로 이루어진 나머지 3차원의 소마 조각들 6개예요.

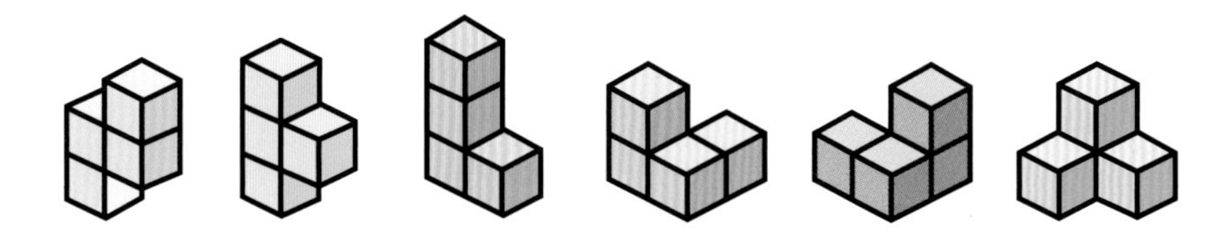

1 종이 위에 정다각형을 그려 보세요. 정다각형은 모두 몇 개가 나올까요?

2 아래 그림은 5개의 정육면체를 책상 위에 배열한 거예요. 그 옆의 표는 모형을 여러 각도에서 바라본 모양이지요. 입체 그림을 보면서 어떤 모양이 나올지 그려보세요. 앞모습, 옆모습, 위 모습을 그려 보세요.

〈보기〉

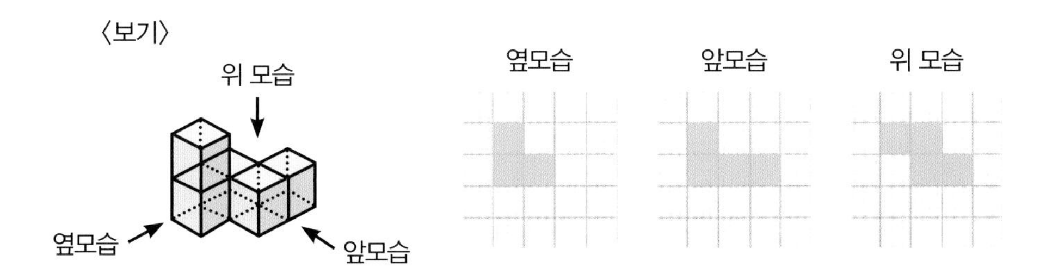

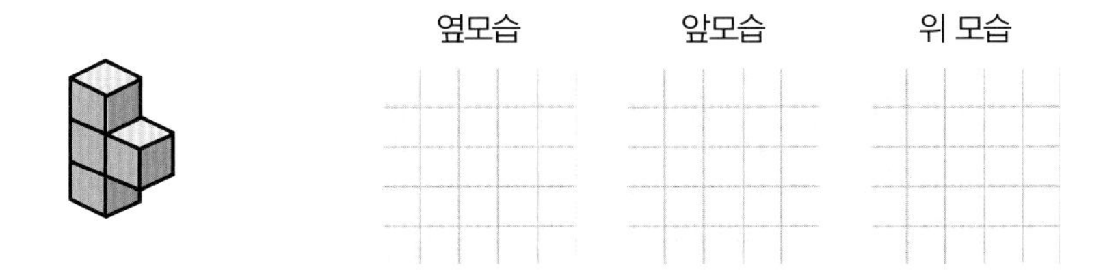

⊙ 답은 193쪽에 있습니다.

10

시바 신의 부활

완전 정복 10단계 도형 종합(1~6학년)

테셀레이션의 기초는 무엇일까?

테셀레이션이란?

프랙털은

무슨 뜻일까?

프랙털에는

무엇이 있을까?

코흐의

눈송이 곡선이란?

"저게 바로 그 시바 신……?"

땅 위로 떠오른 거대한 석상을 바라보며, 강 박사가 자기도 모르게 몸을 움츠렸다. 멀리서 보기만 하는데도 시바 신에게서 강한 어둠의 힘이 느껴졌다.

하누만이 시바 신 앞에 무릎을 꿇고 고개를 숙였다.

"시바 님의 충실한 심복 하누만, 시바 님이 어서 돌아오시기를 간절히 바라고 있었습니다."

시바 신의 얼굴에 달린 세 개의 눈이 하누만을 응시했다. 그저 바라보는 것만으로도 숨 막히는 위압감이 느껴졌다.

"수고했다, 하누만!"

"당연히 제가 할 일을 했을 뿐입니다."

당연히 제가 할 일을
했을 뿐입니다.

시바 신의 얼굴에 만족스러운 미소가 번지더니 이내 세 개의 눈동자가 강 박사와 매스레인저들에게로 향했다.

"그런데 저 인간들은 무엇이냐?"

돌덩어리 같은 입에서 묵직한 목소리가 흘러 나왔다.

"저자들은 시바 님에게 반기를 드는 쓰레기 같은 인간들입니다. 하지만 시바 님께서 신경 쓰실 존재가 아닙니다. 잔챙이들의 처리는 이 하누만에게 맡겨 주십시오."

"그럴 것 없다."

순간 시바 신의 머리 뒤로 프랙털 형태의 검은 빛이 번져 나갔다.

"오랫동안 잠들어 있었던 탓에 몸이 잘 움직이지 않는군. 저 인간들을 상대로 몸을 좀 풀어야겠다."

"존귀한 시바 님께서 굳이 나서야 할 것들이 아닙니……."

"하누만, 내 말에 토를 달 셈이냐?"

"아닙니다. 시바 님의 뜻대로 하십시오."

프랙털 형태의 빛이 거세게 소용돌이치자, 하누만이 두려움을 떨며 머리를 조아렸다.

쿠쿵!

청천벽력과도 같은 소리에 매스레인저들은 깜짝 놀라 몸을 움츠렸다. 시바 신의 등 뒤에서 솟아난 프랙털이 삼각형과 사각형의 도형으로 변해 매스레인저들에게 날아들었기 때문이었다.

"어서 피해!"

대성이가 외치자, 다른 매스레인저들이 재빨리 공격을 피했다.

이등변 삼각형 하나가 강 박사를 향해 정확히 날아갔다. 그것을 본 대성이는 왼쪽 무릎을 짚고 각도기 형태의 매스이글을 던졌다. 매스이글은 부메랑처럼 커다란 원을 그리며 이등변 삼각형을 쳐내고 다시 대성이의 손으로 돌아왔다.

"강 박사님, 위험해요! 강 박사님은 안전한 곳으로 피해 계세요."

강 박사는 대성이를 보고 고개를 끄덕였다. 자신이 매스레인저들에게 도움이 될 수 없다는 사실을 잘 알고 있었기 때문이었다. 막 자리를 피하려던 순간 시바 신이 대성이와 강 박사를 향해 공격을 퍼부었다. 대성이는 매스이글을 이용하여 날아드는 도형들을 막아 내느라 정신없이 움직였다. 시바 신의 약점을 알지 못한 상태에서 쉽사리 공격할 수도 없었다.

"시바 신을 쓰러뜨릴 방법을 모르겠어요."

"대성아, 시바 신은 만만한 상대가 아니다. 모두 힘을 합하지 않으면 결코 이길 수 없어."

위험한 상황 속에서도 강 박사는 단단한 기둥 뒤에서 대성이와 다른 매스레인저들에게 조언을 했다.

"하지만 우린 영겁의 구 안에서 많은 수학 에너지를 잃었어요. 무작정 시바 신을 상대하기엔……."

시바 신은 대성이가 생각하기에도 도저히 이길 수 없는 강한 적이었다. 살아서 돌아갈 수 있을지도 모르는 일이었다.

"대성아. 너는 1+1은 뭐라고 생각하느냐?"

"당연히 2죠! 왜 하필 이런 때 그런 질문을 하세요?"

"그래, 수학으로 따지면 2가 틀림없다. 하지만 사람의 경우에는 다르지. 한 명, 한 명의 힘이 모이면 두 배, 세 배, 더 나아가서 무한한 힘을 가지게 된단다. 그게 바로 매스레인저의 진정한 힘이란다."

"……?"

대성이는 강 박사의 말을 이해하기 어려워 가만히 바라보았다. 그러자 강 박사는 말을 계속 이어 갔다.

"매스레인저들도 마찬가지란다. 너는 매스레인저의 리더야. 친구들을 믿지 못한다면 대성이 너는 숫자 1에 불과하다. 하지만 서로를 이해하고 믿을 수 있다면 어떻게 될까?"

강 박사의 말에 대성이는 깜짝 놀랐다.

'강 박사님은 내가 현도와 윤이를 껄끄럽게 생각하고 있다는 걸 알고 계시는구나.'

대성이는 시바 신의 도형들을 힘겹게 막아 내고 있는 현도와 윤이를 돌아보았다. 두 사람은 최선을 다해 싸우고 있었다. 하지만 히시야스 산에서 내려왔을 때 보았던 두 사람의 모습이 머릿속에 떠올랐다. 그때 윤이가 현도를 보며 수줍게 웃고 있던 모습이 지워지지 않았다.

'나는 매스레인저의 리더……!'

대성이는 여러 가지 생각으로 마음이 어지러웠다.

'매스레인저의 힘을 모으기 위해서는 두 사람을 받아들여야만 한다. 하지만 윤이를 구하기 위해서라는 이유로 현도는 자신을 죽음으로 내몰았다. 그런 현도를 다시 친구로 받아들일 수 있을까?'

대성이는 괴로운 듯 머리를 흔들었다.

'그래, 쉽게 용서할 수 있는 문제가 아니잖아!'

본능적으로 시바 신의 공격을 막아 내면서 생각에 잠겨 있던 대성이는 갑자기 멈춰 섰다.

후훅!

도형 하나가 대성이를 향해 곧장 날아왔다. 대성이의 키만큼 크고 날카로운 원뿔이었다.

"대성아, 조심해!"

원뿔을 미처 보지 못한 대성이가 엉거주춤하는 사이에 윤이가 대성이의 앞을 가로막았다. 윤이는 수학 초능력을 이용하여 커다란 원뿔을

멈춰 세웠다. 무리해서 수학 초능력을 사용한 탓에 윤이의 얼굴이 창백해졌다. 대성이가 말릴 새도 없이 윤이는 초능력으로 원뿔을 멀리 날려 버렸다. 무리해서 힘을 쓴 윤이가 비틀거리며 숨을 몰아쉬었다.

그때 삼각뿔과 사각뿔이 또다시 날아왔다. 아차 하는 순간 언제 나타났는지 현도가 매스이카루스를 검처럼 휘둘러 삼각뿔과 사각뿔을 차례로 쳐냈다. 현도가 제때에 나타나 도와주지 않았다면 어떻게 되었을지 아찔한 순간이었다.

윤이는 생각만 해도 등골이 서늘했다. 극도의 긴장감이 풀리자 몸이 휘청거렸다. 멍하게 서 있던 대성이는 정신을 차리고 윤이를 붙잡아 주었다.

"윤이야!"

"나는 괜찮아……."

윤이는 비틀거리는 몸을 가까스로 가누었다.

"그렇게 힘든데, 왜 나를 구하려고 했어?"

"……이번엔 내가 너를 구할 차례야."

윤이는 초능력을 너무 많이 써 추위에 떠는 병아리처럼 파르르 몸을 떨었다. 그런데도 윤이는 자신보다 대성이를 더 걱정했다.

"너는 매스레인저의 리더니까, 우리는 최선을 다해 너와 강 박사님을 지킬 거야!"

그때 시바 신의 공격을 막고 있던 수영이와 미라가 달려와 대성이를 감싸고 나섰다. 많이 지쳤는지 거칠게 숨을 몰아쉬고 있었다.

'속 좁게 혼자서 할 수 있다고 행동했는데…….'

대성이는 자신을 믿고 따라 주는 매스레인저들을 보자, 자만했던 마음이 부끄러웠다.

'현도를 탓하고, 괜히 윤이를 미워했는데. 또 나도 모르게 미라 누나와 수영이도 무시했는데, 모두 그런 나를 걱정해 주고, 믿어 주고 있어.'

대성이는 현도가 진심으로 미안해하는 것을 알면서도 그 사실을 인정하고 싶지 않아 일부러 더 화를 냈던 자신이 한없이 작게 느껴졌다. 그리고 잘못된 행동을 따지지 않고 묵묵히 자신을 지켜 주는 미라와 수영이

를 보고 있자니 너무나 괴로웠다.

"미안해!"

대성이가 큰 소리로 외치자, 순간 다른 매스레인저들이 깜짝 놀라 멈춰 섰다.

"어리석게도 나 혼자 다 할 수 있을 거라고 생각했어. 히시야스 산에서의 공을 가로챘다고 현도를 미워하고, 괜히 윤이에게 못되게 행동했어. 미라 누나와 수영한테도 마찬가지야. 내가 리더답지 못했기 때문에 함정에 빠졌던 건데, 오히려 다른 사람을 탓했어. 난 리더 자격이 없어!"

진심 어린 말에 매스레인저들은 살포시 웃음을 지었다.

"무슨 소리야? 진짜 잘못한 건 나잖아?"

현도가 대성이의 말을 가로막았다.

"난 죽을지도 모르는데 널 내버려 두고 산을 내려왔어. 그리고 지금까지 사과 한마디 제대로 하지 못했는걸. 네가 날 미워하는 건 당연해. 윤이를 구하고 싶었던 건 사실이지만, 정말로 네가 죽기를 바랐던 게 아니야. 그땐 너무 무서워서 그냥 달려 나왔어. 윤이가 살아나고 나서야 다시 히시야스 산으로 돌아갈 생각을 했는데, 네가 돌아온 거야. 난 정말 멍청한 놈이야."

"현도야……."

"전 대성이 형이 자랑스러워요. 우리 중에서 수학 실력이 가장 뒤떨어졌던 형이 지금은 어려운 도형을 척척 맞추고 우리를 이끌었잖아요! 전 형이야말로 매스레인저의 리더에 어울리는 사람이라고 생각해요."

"그래, 수영이 말이 맞아. 처음에 너, 정말 바보 같았잖아? 그런데 수학 실력이 빠르게 늘고 있는 게 정말 놀라워."

"흐윽!"

대성이는 자신을 믿어 주는 수영이와 미라의 말에 가슴이 뭉클해졌다. 그동안 혼자 강한 척했던 행동이 부끄러워 고개를 들 수 없었다.

"대성아, 고마워."

윤이의 한마디에 대성이는 마음 깊은 곳에서 뜨거운 불덩이가 올라오는 것 같았다.

"네 목숨을 걸고 나를 구해 줘서 정말 고마워."

그 말을 들은 순간 그동안 마음을 괴롭히던 불안과 미움이 봄 햇살에 눈 녹듯 사라지는 것 같았다. 오랜 만에 마음이 평온해졌다.

'강 박사님의 말이 맞아. 1+1은 단순한 2가 아냐. 매스레인저 다섯 명이 모이면 다섯 배, 아니 그 이상의 힘을 낼 수 있을 거야!'

시바 신을 상대할 수 있다는 자신감이 생기자, 온몸에서 강한 수학 에너지가 느껴졌다.

대성이는 위험한 순간 자신을 일깨워 준 강 박사와 다른 매스레인저들을 위해서 눈앞에 있는 거대한 적을 쓰러뜨려야 한다고 생각했다.

"흐흐흐, 가소롭군."

시바 신의 낮고 묵직한 목소리가 멀리서부터 울려왔다. 의욕을 짓누르는 기묘한 목소리였다.

"우리의 수학을 훔쳐 문명을 이룩한 족속들 주제에 우정을 운운하다니, 정말 뻔뻔하구나."

매스레인저의 모습을 지켜보고 있던 시바 신이 갑자기 분노를 드러내며 양손을 내뻗었다. 그러자 20개의 정삼각형으로 이루어진 정이십면체가 각각 손바닥 위로 떠올랐다.

"너희 모두 지옥으로 떨어뜨려 주겠다. 업화의 불길!"

정이십면체에서 뻗어 나온 불길이 순식간에 대성이와 매스레인저들 앞에 떨어졌다. 방심한 순간에 당한 강력한 공격이었다.

"으아악!"

매스워치를 이용해 막아 보려고 했으나, 매스레인저들은 엄청난 불길에 밀려 쓰러지고 말았다. 무서운 파괴력을 가진 공격이었다.

업화의 불길 공격이 계속되자, 매스레인저들은 힘 한 번 써 보지 못하고 속수무책으로 당하고 말았다. 매스레인저들은 비틀거리며 시바 신 앞에 무릎을 꿇었다. 업화의 불길이 매스레인저들의 수학 에너지를 모두 빼앗아가 버렸기 때문이었다.

'되살아난 시바 신은 너무 강해……! 이대로는 매스레인저들이 서로의 힘을 모을 시간이 없다.'

몸을 숨기고 있던 강 박사의 얼굴이 파랗게 질려 있었다.

‘과연 매스레인저들이 시바 신을 이겨 낼 수 있을까?’

매스레인저들을 위해서 당장 나서고 싶었지만, 지금은 업화의 불길에 닿지 않는 곳으로 도망치기에도 힘겨웠다.

다시 업화의 불길이 솟구쳤을 때 강 박사가 숨어 있던 기둥이 우지끈 소리를 내며 무너져 내리기 시작했다. 강 박사는 놀라 그대로 주저앉고 말았다.

쿠쿠쿵!

잠시 후 정신을 차린 강 박사는 무너진 기둥 사이에서 천천히 몸을 일으켰다. 운이 좋았는지 다치지 않은 것 같았다.

“이건 대체……!”

그때 강 박사 앞으로 검은 그림자가 나타났다.

“크으윽……!”

대성이가 젖 먹던 힘

까지 모두 짜내며 힘겹게 일어섰다. 매스이글 때문에 윤이를 지킬 수 있었지만, 매스이글은 망가져서 더 이상 쓸 수 없게 되어 버렸다.

현도의 매스이카루스도 부서져 버리고 말았다.

매스레인저들은 비틀거리며 힘들게 일어섰다. 더 이상 시바 신에게 대항할 힘도 없어 보였다.

"우리에게서 훔쳐 간 수학 에너지를 가지고도 겨우 여기까지더냐. 나약한 꼬마들이로군."

시바 신은 고양이가 잡은 쥐를 놀리듯 매스레인저들을 조롱하고 비웃었다.

"대성아, 내 손을 잡아."

윤이가 절망으로 괴로워하는 대성이의 손을 붙잡았다. 윤이의 따뜻한 온기가 전해져 왔다. 그러자 대성이의 몸에 남아 있던 수학 에너지가 끓어오르기 시작했다.

"내게 남은 힘을 너에게 줄게."

윤이를 비롯해 다른 매스레인저들이 한데 모여 수학 에너지를 모았다. 점점 대성이의 몸에서 힘이 솟아났다. 그런데 갑자기 대성이의 몸이 황금빛으로 빛나기 시작하는 것이 아닌가!

'이것이 강 박사님이 말씀하셨던 매스레인저의 진정한 힘!'

지금까지 경험하지 못했던 가장 강한 수학 에너지가 온몸에 느껴졌다. 대성이는 천천히 허공을 쥐면서 황금빛의 검을 만들어 냈다. 마르트 신에게서 물려받은 바주라였다.

'이 정도의 힘이라면 바주라를 쓸 수 있어!'

대성이는 바주라를 들고 공중으로 껑충 뛰어올랐다. 그러고는 괴물처럼 떠 있는 시바 신을 향해 곧장 날아갔다.

그러자 시바 신의 몸에서 퍼져 나오는 검은 프랙털이 여러 가지 도형들로 변하기 시작했다. 처음에는 점과 선으로 시작된 도형이, 면과 입체 도형으로 변하여 대성이를 향해 돌진했다. 다른 사람의 눈에는 보이지 않을 만큼 빠른 속도였지만, 대성이의 눈에는 도형들이 뚜렷하게 보였다.

"지금이다!"

대성이는 소리치며 바주라를 휘둘렀다. 하늘에 빛의 선이 그려지고, 입체 도형들이 산산이 부서졌다. 대성이는 절호의 기회를 놓치지 않고 시바 신을 공격했다.

"이야얍!"

혼신의 힘을 다한 기합 소리와 함께 바주라에서 솟아난 매스레인저의 힘이 찬란한 빛을 뿜어냈다.

카앙!

날카로운 금속음이 귀를 후벼 파고, 바주라를 쥐고 있던 팔이 저려왔

카앙—!

다. 대성이는 자신을 노려보고 있는 세 개의 눈을 똑바로 쳐다보았다. 시바 신의 얼굴이 심하게 일그러져 있었다.

"이 바퀴벌레 같은 놈들이 감히……."

시바 신이 분노를 터뜨리자, 지켜보고 있던 하누만이 두려움에 몸을 움츠리며 벌벌 떨었다.

"전지전능한 힘을 가진 내게 겁도 없이 달려들어?"

시바 신이 한 손을 들어 한꺼번에 수많은 도형들을 만들어 냈다. 순식간에 도형들이 대성이를 지나 화 난 벌떼처럼 곧장 윤이에게로 날아갔다. 대성이는 너무 놀라 숨을 멈추었다.

"뼈저리게 후회하도록 해 주겠다."

대성이의 마음을 꿰뚫어 본 시바 신이 가장 소중하게 생각하는 윤이를 공격한 것이다.

"윤이야!"

대성이는 도형들을 쫓아가며 손을 쓸 수 없을 정도의 빠른 속도에 절규했다.

파앗! 공격하던 도형들이 윤이 주위에 둘러 쳐진 푸른 방어막에 부딪혀 튕겨져 나갔다.

'이 힘은……!'

시바 신이 세 번째 눈을 크게 떴다. 자신을 막아서는 또 다른 존재가 있으리라고 상상하지 못했던 것이다.

"당신은……!"

윤이는 순식간에 자기 앞에 서 있는 안슈미를 보고 깜짝 놀라 말을 잇지 못했다.

"안슈미 누나!"

수영이가 놀란 가슴을 쓸어내리며 안슈미의 등장을 반겼다.

안슈미가 신비로운 방어막을 쳐서 윤이를 구해 내리라고 아무도 생각지 못했던 것이다.

대성이는 윤이가 무사하다는 사실에 안도하면서 안슈미에게 궁금한 것을 물었다.

"누나는 어떻게 수학 에너지를 쓸 수 있는 거죠?"

"얘들아, 그런 건 나중에! 어서 밖으로 나가자. 시바 신을 상대로 이 방어막은 오래 버티지 못해."

매스레인저들은 안슈미의 말에 동의했다. 시바 신을 이기기 위해서는 밖으로 나가 아라크를 불러 내는 것이 최선인 상황이었다. 안슈미는 양손으로 방어막을 지탱하면서 매스레인저들이 피라미드 밖으로 나갈 수 있도록 도왔다.

"시바 님, 저 힘은 분명 비슈누 신의 힘입니다."

"그렇다면 아까 그 여자는 인간이 아니겠군."

분노로 시바 신의 눈이 붉게 빛났다.

"꼬마 녀석들, 아주 박살을 내 주마."

시바 신의 몸이 점차 거대해지면서 피라미드를 뚫고 나가기 시작했다. 시바 신의 강력한 힘을 느낀 하누만이 땅에 닿도록 몸을 낮추며 머리를 조아렸다.

위험을 모면한 매스레인저와 강 박사는 안슈미의 도움으로 피라미드 밖으로 나올 수 있었다. 안슈미는 피라미드 밖으로 완전히 나온 뒤에야 모두에게 자신의 정체를 밝혔다.

"나는 비슈누 신의 측근이야. 지금까지 너희에게 말하지 못해 미안해. 시바 신이 윤이가 비슈누 신의 화신이라는 것을 알게 되면 안 되기 때문에 그동안 사실을 말할 수 없었어. 그래서 아무도 모르게 윤이를 지켜야 했어."

"네? 비슈누 신은 시바 신에게 대적하는 선신이 아닌가요?"

안슈미의 말에 매스레인저와 강 박사가 일제히 윤이를 바라보았다. 윤이도 많이 놀랐는지 믿을 수 없다는 표정이었다.

"그래. 과거를 기억하지 못하겠지만, 윤이는 비슈누 신의 화신이야."

"하지만 윤이는 저희와 똑같은 초등학생이잖아요?"

"너희도 윤이의 범상치 않은 수학 초능력을 알고 있지 않니?"

대성이는 안슈미의 대답을 듣고서야 이해가 되었다. 대성이와 미라, 현도, 수영이는 수학 에너지를 가지고 있지만, 수학 초능력을 쓸 수 있

나는 비슈누 신의
측근이야. 그래서 아무도 모르게
윤이를 지켜야 했어.
네? 비슈누 신은
시바 신에게 대적하는
선신이 아닌가요?

는 사람은 윤이뿐이었다.

"전 안슈미 언니가 악신의 부하인 줄 알았어요."

"가네샤가 보낸 평행선 코브라 때문에 오해했나 보구나? 난 히시야스 산을 가르쳐 주고, 여러 방법으로 너를 도와 왔어. 하지만 비슈누 신의 화신인 너를 지키지 못한 것에 스스로에게 화가 나 그렇게 보였을지도 모르겠다."

"미안해요."

안슈미는 빙그레 웃으며 윤이의 머리를 쓰다듬었다.

그때 쿵 소리와 함께 피라미드가 무너져 내렸다. 시바 신이 피라미드를 무너뜨리면서 거대한 몸을 드러냈기 때문이었다.

"안 되겠다, 대성아. 윤이의 정체를 눈치 챈 시바 신이 무슨 일을 할지 모르니, 어서 아라크를 불러라."

"알겠어요!"

대성이는 매스워치를 이용하여 임시 기지에 있는 심 박사와 알리미에게 도움을 청했다.

"매스레인저, 모두 무사했군요!"

그동안 송신이 되지 않아 답답했던 알리미는 매스레인저의 호출을 진심으로 반겼다.

"응! 하지만 시바 신이 부활했어. 아라크의 힘이 필요해!"

"알겠어요. 아라크, 준비합니다."

매스레인저들은 힘을 모아 아라크를 불러내는 데 집중했다. 매스위성을 이용한 물질 이동 장치는 거대한 로봇인 아라크를 정확하게 전송했다.

아라크가 도착하자, 대성이는 익숙하게 올라탔다.

"이젠 시바 신을 상대할 수 있어."

시바 신은 아라크를 보고 비웃으며 말했다.

"우리에게서 빼앗은 수학을 이용하여 저런 것을 만들어 냈군. 하지만 이 시바 신 앞에서는 무용지물이라는 것을 보여 주겠다."

말이 끝나기가 무섭게 시바 신의 온몸에서 뾰족한 삼각뿔, 사각뿔, 원뿔, 그리고 정다면체와 구가 퍼져나갔다. 입체 도형들은 빠른 속도로 날아가 땅에 닿은 순간 폭탄처럼 폭발했다.

콰쾅!

"으아악!"

갑작스런 공격에 대성이는 고통스럽게 소리질렀다.

시바 신은 아라크뿐만 아니라 매스레인저의 힘을 봉쇄하려고 거칠게 공격을 해댔다.

만약 안슈미가 막아 주지 않았다면 매스레인저들은 시바 신의 공격에 속수무책으로 당하고 말았을 것이다.

"윤이야, 비슈누의 힘을 써!"

"하지만 이젠 힘이 없어요. 남은 힘을 모두 대성이에게 주었는걸요?"

"아냐. 네겐 아직 쓰지 않은 수학 에너지가 남아 있어. 그건 바로 비슈누 신의 힘이야. 그 힘을 사용해야 대성이가 시바 신을 쓰러뜨릴 수 있어."

방어막으로 시바 신의 공격을 막고 있던 안슈미가 외쳤다.

"저 계집애가 비슈누의 환생이란 말인가!"

시바 신의 눈이 벌겋게 번뜩이더니 윤이를 노렸다. 대성이는 재빨리 아라크를 조종하여 시바 신의 공격을 막았다.

"두 번 다시 윤이를 해치도록 내버려 두지 않겠다."

"어리석은 꼬마 녀석, 감히 인간 주제에 위대한 악신에게 대항하겠다는 거냐?"

시바 신의 묵직한 목소리와 함께 공격이 더욱 거세졌다.

'이대로 있으면 대성이가 지쳐 쓰러질지도 몰라.'

윤이는 자신을 지키기 위해 싸우다가 대성이가 쓰러질까 봐 마음이 초조했다.

'하지만 난 보통 사람과 똑같아. 난 비슈누 신과 같지 않아.'

윤이는 여러 가지 생각으로 마음이 복잡했다.

"윤이야, 너 자신을 믿어라."

"강 박사님……."

"너는 평범하길 원하겠지. 하지만 네게는 다른 사람들을 지킬 힘이 있지 않니? 진정으로 용기 있는 사람만이 그 힘을 이용할 수 있다. 용기를 내거라."

윤이는 결심한 듯 주먹을 꽉 쥐었다.

아라크가 바주라를 이용하여 시바 신의 공격을 막아 내고 있지만, 그것만으로는 힘이 모자란 상황이었다.

'나는…….'

"대성이가 나를 지켜 주듯, 나도 모두를 지키고 싶어!"

그렇게 외치는 순간 윤이의 몸에서 보라색 빛이 나기 시작했다.

윤이의 몸에서 뻗어 나온 보라색 빛이 아라크와 매스레인저에게 무한한 에너지를 전해 주고 있었다.

"몸에 힘이 넘치고 있어."

대성이는 아라크 안에서 강한 수학 에너지를 느꼈다. 동시에 자신감이 몽글몽글 피어올랐다.

"이제 시바 신을 이길 수 있다!"

대성이는 힘껏 바주라를 들어 올렸다. 시바 신의 검은 빛에 대응하는 황금색 빛이 바주라에서 찬란하게 쏟아져 나왔다.

"비슈누가 아직 이런 힘을 쓸 수 있단 말인가!"

시바 신이 놀라움으로 잠시 멈춰 있는 사이에 대성이는 아라크를 조종하여 시바 신의 몸에서 퍼져 나온 검은 프랙털을 무 자르듯 싹둑싹둑 베어 냈다.

"와아!"

그것을 보고 있던 매스레인저들이 기쁨의 소리를 질렀다. 바주라의

힘을 이용하면 시바 신을 쓰러뜨릴 수 있을 것 같았다.

승리를 확신한 순간 매스레인저들의 뒤에서 하누만과 아처가 슬그머니 나타났다.

"하찮은 인간 따위가 더 이상 날뛰게 내버려 두지 않겠다."

"놀이는 여기까지다. 지금부터 진짜 두려움이 뭔지 보여 주겠다. 잘 보거라."

아처는 강 박사를 바라보며 딱 소리가 나도록 손가락을 튕겼다.

"강 박사, 눈을 떠라. 매스레인저의 힘을 봉쇄해라."

"뭐?"

순간 매스레인저들은 눈과 귀를 의심했다. 지금까지 인자했던 강 박사의 눈동자에 초점이 사라졌다. 아처의 말 한마디가 강 박사를 최면 상태에 빠뜨린 것이다.

"후후, 납치해 둔 동안 강 박사에게 최면을 걸어 뒀지."

아처가 음흉한 웃음을 흘리며 말했다. 그러는 사이 강 박사는 매스위성을 조종하여 매스워치를 무용지물로 만들어 버렸다. 매스워치의 힘이 사라지자, 아라크의 힘이 빠져 버리고 말았다.

"설마 강 박사님이……!"

대성이는 믿을 수 없어 소리쳤다.

"강 박사님, 정신 차려요. 강 박사님은 언제나 우리에게 힘을 주는 분

이셨잖아요?"

대성이의 처절한 절규를 듣고도 강 박사의 손은 멈추지 않았다. 강 박사는 알리미와의 연결을 끊고, 매스위성을 마음대로 조종했다. 강 박사에게서 매스레인저들을 격려하던 인자한 모습은 더 이상 찾아볼 수 없게 되었다.

"모든 것은 시바 님을 위해서다."

기계음 같은 강 박사의 목소리가 울려 퍼지자, 깊은 절망이 매스레인저들을 덮쳤다.

'말도 안 돼! 강 박사님이 아처의 종이 될 줄이야!'

강 박사에 대한 걱정과 슬픔으로 대성이의 마음은 무거웠다.

"강 박사님을 돌려줘!"

소리를 지르며 바주라를 뻗었지만, 시바 신의 강력한 힘에 힘없이 저지당하고 말았다. 매스워치를 통해 수학 에너지를 쓸 수 없는 대성이는 더 이상 시바 신의 맞수가 아니었다.

"나에게 거역한 인간들이여, 사라져라!"

시바 신의 강력한 일격을 맞은 대성이는 아라크와 함께 공중에서 추락하고 말았다.

수학 에너지를 쓸 수 없는 매스레인저들은 두려움에 떨며 힘없이 바닥에 주저앉았다. 매스레인저들이 좌절하는 모습을 보면서 대성이는 서서히 정신을 잃어 갔다.

[5권에서 계속]

프랙털과 테셀레이션

 아름다운 닮음

❶ 프랙털

프랙털(fractal)은 철저히 '조각난' 도형을 뜻합니다. '자기 닮음성'의 특징을 지니고 있어, 같은 모양이 계속 반복되는 패턴으로 이루어져요. 아래의 그림처럼 점점 작은 부분을 봐도, 점점 큰 부분을 봐도 전체와 같은 모양이 계속되지요.

그래서 아무리 크게 확대해도 도형의 원래 모양이 사라지지 않고 남아 있어요. 또한 같은 모양이 무수히 반복되면, 점점 작아지면서도 길이는 엄청나게 늘어나는데, 둘레의 길이가 무한대로 늘어날 수 있지요.

꼭 도형이 아니라도 우리 주변에는 다양하고 아름다운 프랙털이 많이 있어요. 자연계에서는 구름 모양, 해안선, 고사리 잎, 브로콜리 등에서 볼 수 있답니다.

❷ 코흐의 눈송이 곡선

스웨덴의 수학자 코흐는 1904년에 재미있는 자기 닮음 도형을 제시했어요. 우리 함께 이 도형을 그려 볼까요?

먼저 선분을 그려 3등분하고 가운데 부분을 정삼각형의 두 변처럼 세우세요. 처음 선분의 길이가 1이라면 이때 만들어진 주름진 선분의 길이는 3분의 4가 되겠지요.

다시 각 변을 3등분하여 가운데 부분을 정삼각형의 두 변처럼 세워 그려요. 이때 만들어지는 주름진 선분의 길이는 9분의 16이 되지요. 이 과정을 반복할 때마다 변의 길이는 3분의 4배로 늘어난답니다.

그럼, 각 변에 이 과정을 반복해 볼까요? 한 번 반복하면 별 모양이 되고, 반복할 때마다 점점 눈송이처럼 보이지요? 그래서 이 도형을 '코흐의 눈송이 곡선'이라고 불러요.

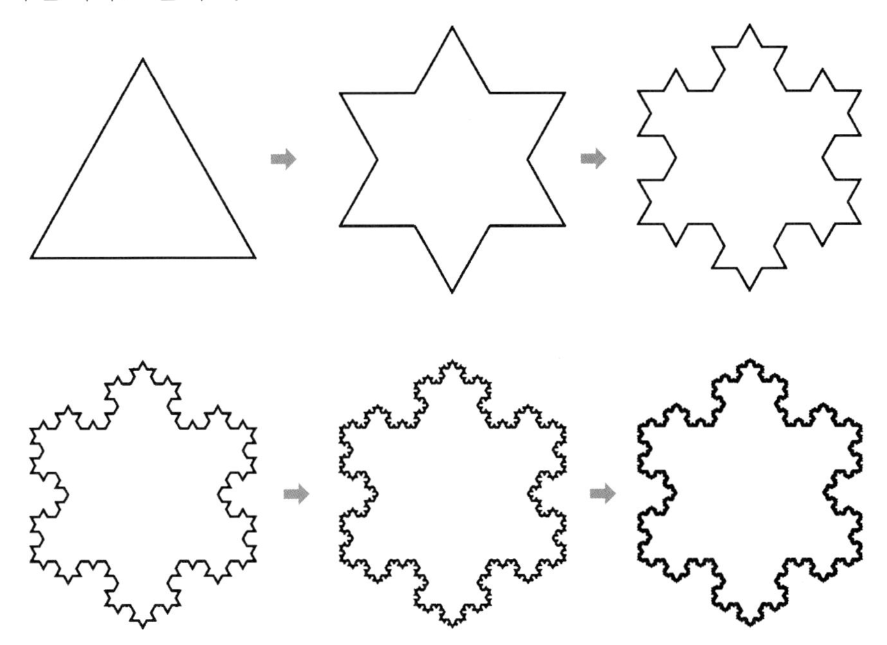

❸ 테셀레이션이란?

테셀레이션(tessellation)이라는 단어는 4를 뜻하는 그리스어 'tesseres'에서 왔어요. 어원에서 알 수 있듯이, 처음에는 정사각형을 붙여 만드는 과정에서 시작되었지만, 정삼각형이나 정육각형 등 다양한 모양을 반복적으로 배치해서도 테셀레이션을 만들 수 있어요.

우리 주변에서도 테셀레이션을 쉽게 찾아볼 수 있어요. 예를 들어 화장실 벽면의 타일, 길바닥에 깔려 있는 보도블록, 자투리 천을 이어 붙인 조각보, 우리나라의 전통 문양 등이 있지요.

테셀레이션의 특징은 같은 모양을 이용해 평면이나 공간을 빈틈이나 겹쳐지는 부분 없이 채우는 거예요. 그러기 위해서 도형의 이동을 이용합니다.

[옮기기(평행 이동)] [돌리기(회전 이동)] [뒤집기(반사)]

위의 그림처럼 '옮기기', '돌리기', '뒤집기'는 테셀레이션의 기초예요.

옮기기는 도형을 일정한 거리만큼 움직이는 것이고, 돌리기는 한 점을 중심으로 도형을 돌리는 것이에요. 그리고 뒤집기는 거울에 반사된 것처럼 모양을 뒤집는 거랍니다.

1 다음 중에서 테셀레이션인 것을 모두 찾아보세요.

⊙ 답은 194쪽에 있습니다.

정답

퀴즈? 퀴즈! 47쪽 정답

1 다음 도형과 합동인 도형을 아래의 그림에서 찾아 색칠해 보세요.

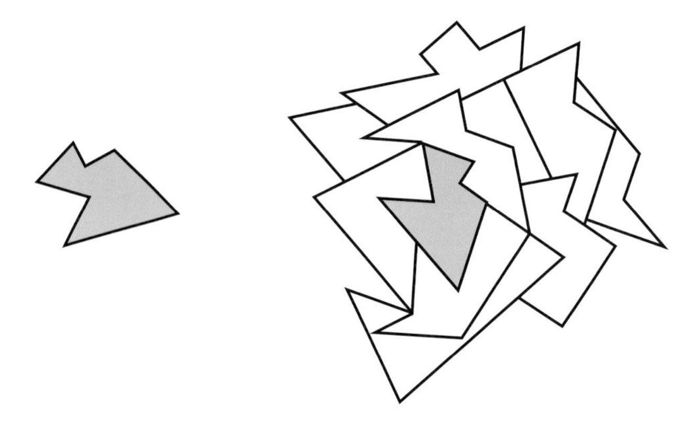

2 다음 도형들 중 닮음인 것을 찾아 색칠해 보세요.

퀴즈? 퀴즈! 81쪽 정답

1 아래의 그림을 보고 대칭축을 그려 보세요.

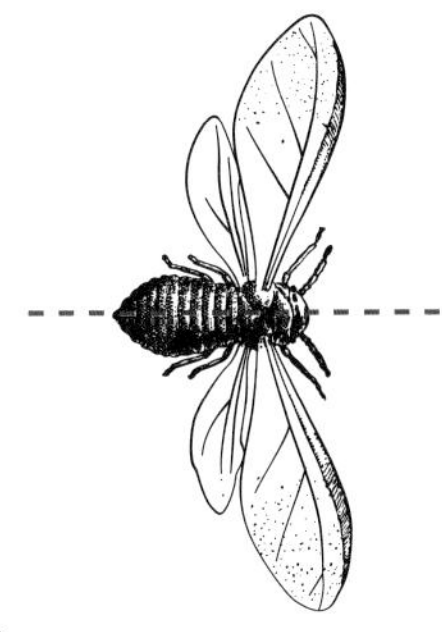

2 다음 도형의 점대칭 도형을 그려 보세요.

① 점 ㄴ에서 대칭의 중심 ㅅ을 지나는 직선을 그어요.

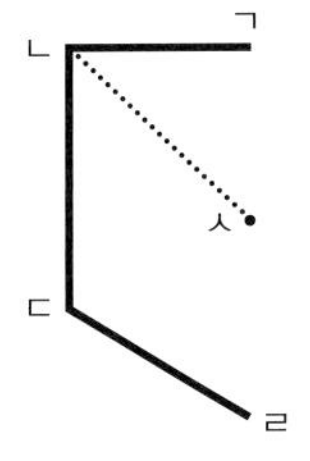

② 이 직선에 선분 ㄴㅅ의 길이와 같도록 점 ㅁ을 찍어요.

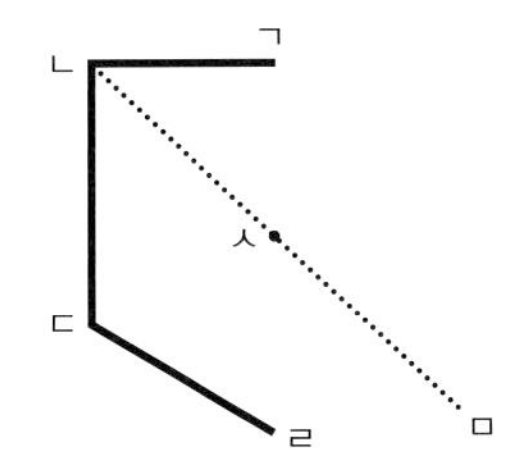

③ ①, ②와 같은 방법으로 점 ㄷ의 대응점 ㅂ을 찍어요.

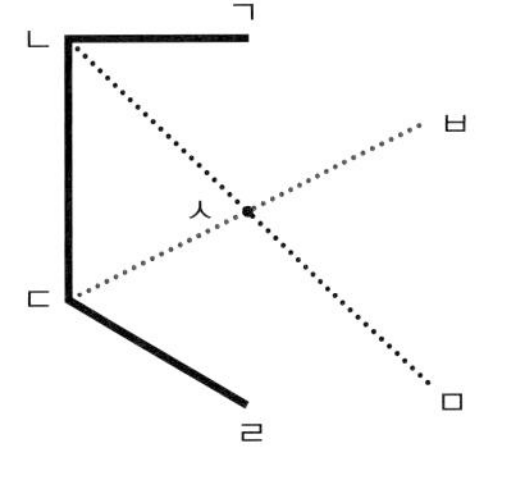

④ 점 ㄹ과 ㅁ을 이어요.

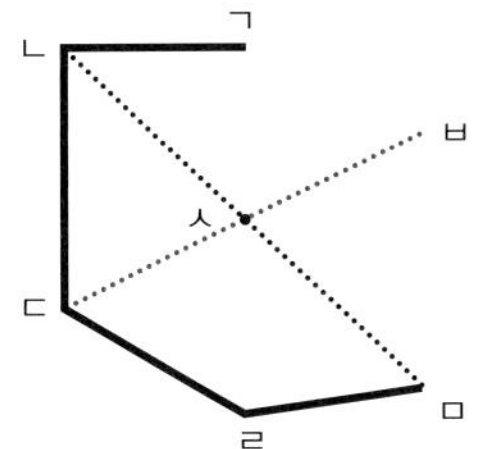

⑤ 점 ㅁ과 ㅂ을 이어요.

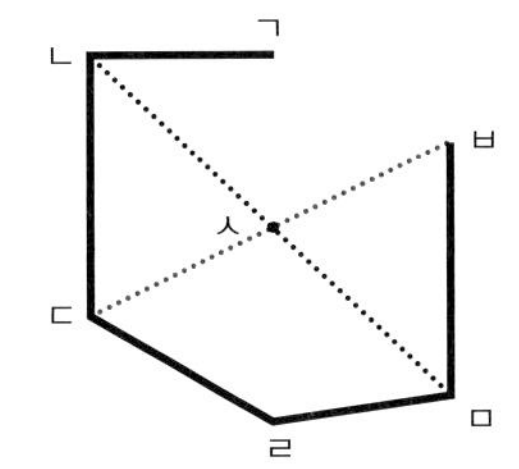

⑥ 점 ㅂ과 ㄱ을 이어 점대칭 도형이 완성되게 그려요.

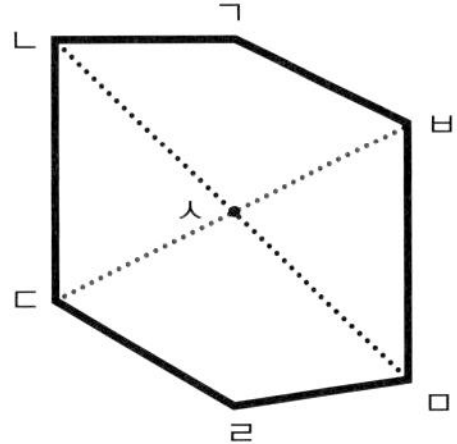

퀴즈? 퀴즈! 113쪽 정답

1 오각기둥의 전개도를 그려 보세요.

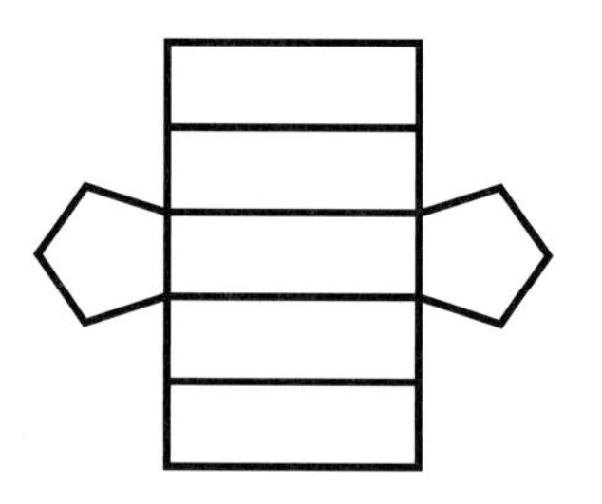

2 원기둥의 전개도를 그려 보세요.

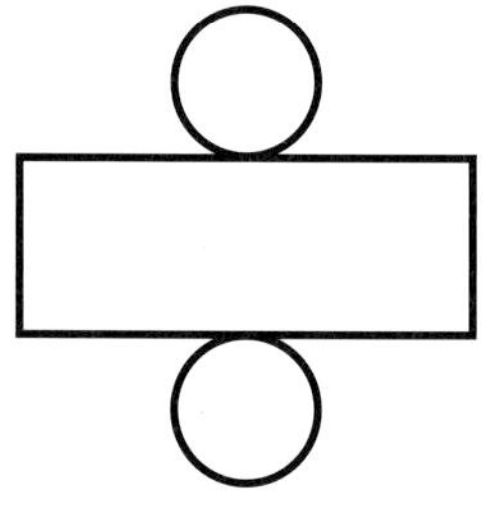

3 아래 질문에 알맞는 입체 도형을 찾아보세요.

(가)

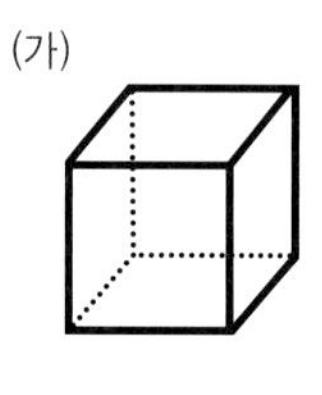

(나)

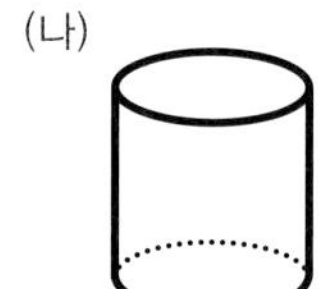

(다)

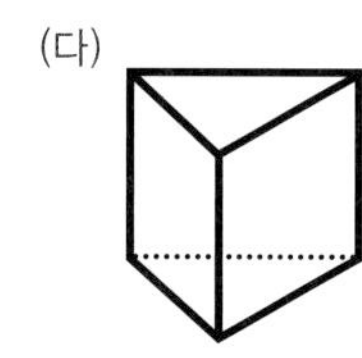

(라)

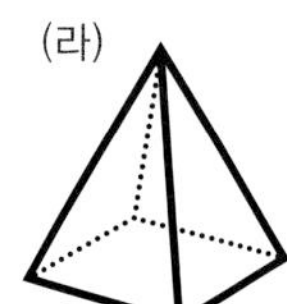

(마)

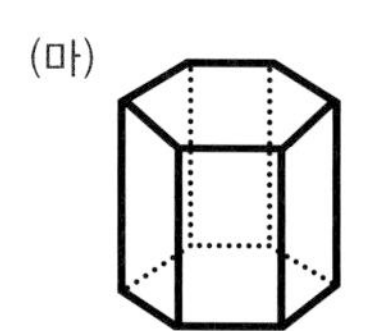

(바)

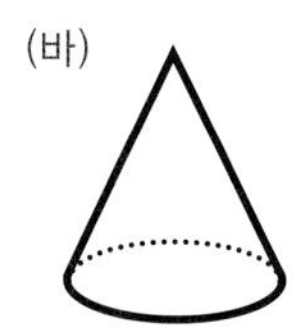

1) 위 그림 중 어떤 면이 밑으로 오더라도 쌓을 수 있는 것은 어떤 것인가요? (가)
2) 위 그림 중 어떤 면이 밑에 오면 쌓을 수 있지만, 어떤 면이 밑에 오면 쌓을 수 없는 것은 어떤 것인가요? (다), (마)
3) 위 그림 중 바닥에 굴렸을 때 가장 잘 굴러 가는 것은 어떤 것인가요? (나)
4) 위 그림 중 다른 도구의 도움 없이는 어떤 방법으로도 쌓을 수 없는 입체는 어떤 것인가요? (라), (바)

퀴즈? 퀴즈! 151쪽 정답

1 종이 위에 정다각형을 그려 보세요. 정다각형은 모두 몇 개가 나올까요?

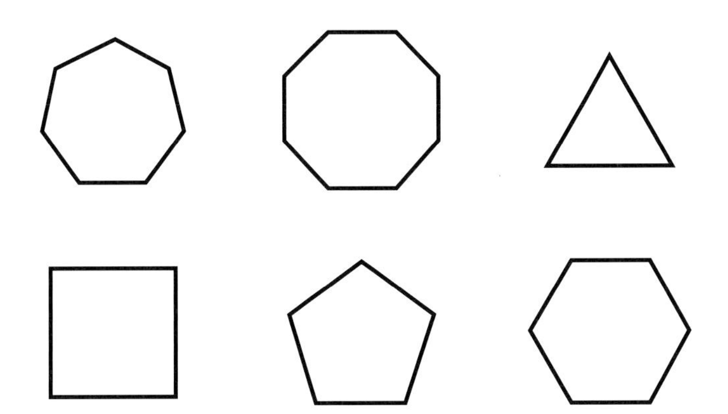

2 아래 그림은 5개의 정육면체를 책상 위에 배열한 거예요. 그 옆의 표는 모형을 여러 각도에서 바라본 모양이지요. 입체 그림을 보면서 어떤 모양이 나올지 그려보세요. 앞모습, 옆모습, 위 모습을 그려 보세요.

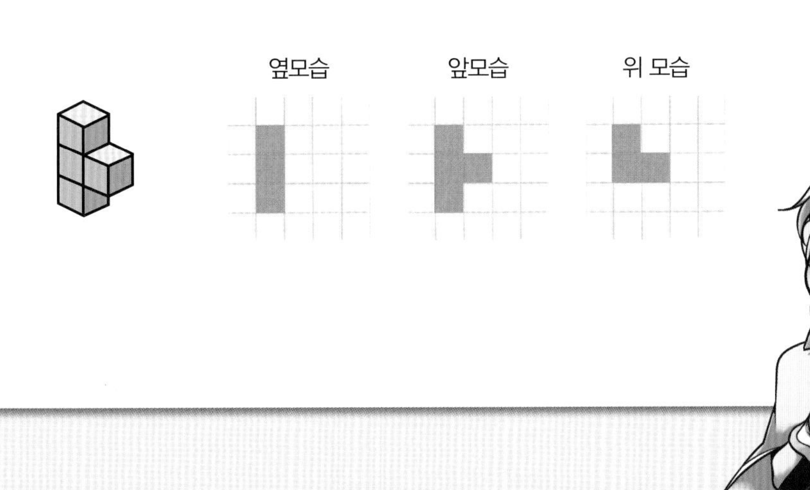

퀴즈? 퀴즈! 189쪽 정답

1 다음 중에서 테셀레이션인 것을 모두 찾아보세요.

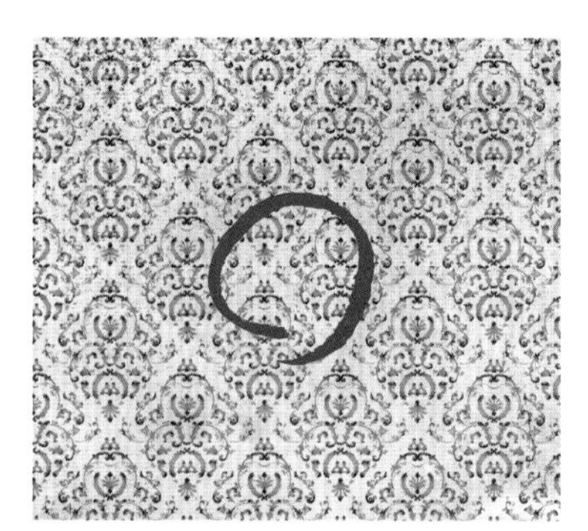

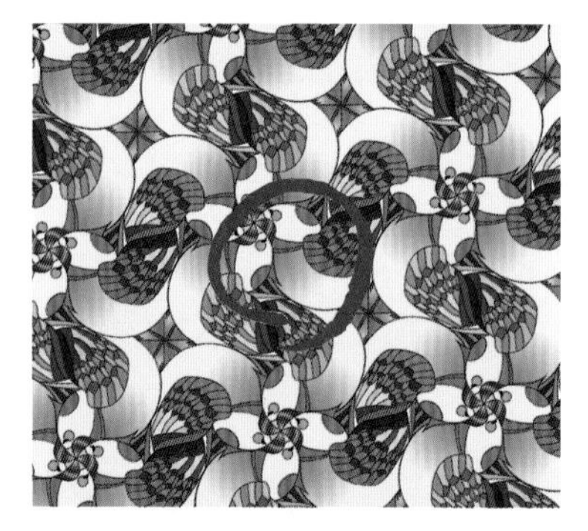

도형 나라와 나의 관계

도형 나라와 나는 어떤 관계일까요? 도형 나라와 나의 관계를 확인해 보세요.

	예	아니요
• 엄마 방에 붙어 있는 벽지의 무늬가 테셀레이션인 것을 알고 "엄마, 이건 테셀레이션이야!"라고 말해서 천재라는 소리를 들었다.	☐	☐
• 길을 다닐 때 나도 모르게 '자동차 바퀴=원, 간판=직육면체, 앞 친구의 다리는=원기둥'이라는 생각이 든다.	☐	☐
• 친구들과 떡볶이를 사 먹기 위해 약속 장소를 잡을 때 눈에 보이지 않지만 위치를 나타내는 '점'이 생각난다.	☐	☐
• 자장면, 라면, 쫄면 등을 먹을 때 입체 ⇨ 면 ⇨ 선 ⇨ 점의 관계가 영화처럼 펼쳐진다.	☐	☐
• 친구의 각진 얼굴이 둔각인지 예각인지 정확하고 친절하게 알려줄 용기가 있다.	☐	☐
• 태극기의 태극무늬는 도형의 이동을 잘 나타낸다는 생각이 든다.	☐	☐
• 자를 대고 그리는 선은 사실 선이 아니라 직사각형에 가깝다.	☐	☐
• 거울에 비친 내 얼굴을 보며 '예쁘다'라기보다는 '합동이다'라는 생각이 먼저 든다.	☐	☐
• 엄마, 아빠를 많이 닮았다고 하지만 사실 부모님과 나는 도형에서 말하는 '닮음'은 아니다.	☐	☐
• 옆집 바둑이의 '점'과 내 얼굴에 난 '점'은 수학의 '점'과는 다른 것이다.	☐	☐
• 우리가 가지고 있는 책의 대부분은 직사각형이 아니라 직육면체이다.	☐	☐
• 일상생활에서 보는 대부분의 물건은 모두 회전체이거나 입체 도형이지 평면 도형이 아니다.	☐	☐
• 피자를 먹을 때 원주율이 생각난다.	☐	☐

• 주변을 둘러싸고 있는 물건들이 자꾸 도형으로 보여서 내가 도형 나라에 와 있는 착각에 빠진다. □ □

• 친구의 얼굴을 보고 선대칭이 되지 않는 것을 불쌍하게 생각했었는데, 내 얼굴도 선대칭이 아닌 걸 알고 화를 낸 적이 있다. □ □

• 엄마가 재활용 쓰레기통에 예쁘게 펴서 버린 우유 팩을 보면 직육면체의 전개도라는 생각이 든다. □ □

• 슈퍼에 가면 있는 커다란 B회사의 바나나 우유의 통을 보며 '회전체로군!'이라고 생각한 적이 있다. □ □

나와 도형 나라의 관계는?

'예'라고 답한 개수	
14~17개 왕	**축하합니다! 도형 나라의 왕좌에 등극하였습니다!** 왕의 자리를 빼앗기지 않기 위해 도형에 더 많은 관심을 가지고 도형에 관한 지식을 널리 전파하기 바랍니다.
9~13개 귀족	**도형 나라의 귀족이 되었습니다.** 도형에 대해 많은 관심과 지식을 가지고 있습니다. 왕좌에 오르기 위해 책을 한 번 더 읽어 보기 바랍니다.
4~8개 서민	**도형 나라의 서민입니다.** 눈에 보이는 것이 다 도형이지만 큰 관심이 없는 것이 아닌지요. 자, 삽을 버리고 왕관을 얻기 위해 책을 3번만 더 읽기 바랍니다.
0~3개 외국인	**Hello! 도형이 싫으신가요?** 그렇다면 먼저 측정 나라나 수와 연산 나라에 들렀다가 다시 도형 나라로 오는 것도 좋은 방법입니다. 기르던 개도 꼭 데려오는 거 알죠?